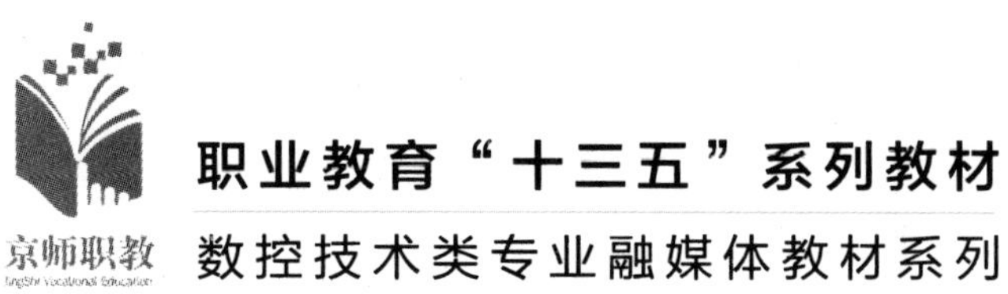

QIANGONG JISHU YU JINENG

钳工技术与技能

伊水涌 编著

北京师范大学出版集团
BEIJING NORMAL UNIVERSITY PUBLISHING GROUP
北京师范大学出版社

图书在版编目(CIP)数据

钳工技术与技能/伊水涌编著. —北京：北京师范大学出版社，2018.12

(职业教育"十三五"系列教材)

ISBN 978-7-303-23340-3

Ⅰ.①钳… Ⅱ.①伊… Ⅲ.①钳工—中等专业学校—教材 Ⅳ.①TG9

中国版本图书馆 CIP 数据核字(2018)第 008314 号

营销中心电话 010-58802181 58805532

北师大出版社职业教育分社网 http://zjfs.bnup.com

电子信箱 zhijiao@bnupg.com

出版发行：北京师范大学出版社 www.bnup.com

北京市海淀区新街口外大街 19 号

邮政编码：100875

印　　刷：北京玺诚印务有限公司

经　　销：全国新华书店

开　　本：787 mm×1092 mm 1/16

印　　张：12

字　　数：220 千字

版　　次：2018 年 12 月第 1 版

印　　次：2018 年 12 月第 1 次印刷

定　　价：28.00 元

策划编辑：庞海龙　　责任编辑：马力敏　李　迅

美术编辑：焦　丽　　装帧设计：焦　丽

责任校对：韩兆涛　　责任印制：陈　涛

资源获取说明

为方便广大师生进行融媒体课程学习，我社开发了“京师 E 课”数字资源学习平台，提供在线课程、教学资源、学习资源等服务。本书包含教学课件、教案、试题以及部分微课等数字资源，以下为资源获取方式。

1. 访问京师 E 课 http：//zj. bnuic. com/mooc/→注册用户。

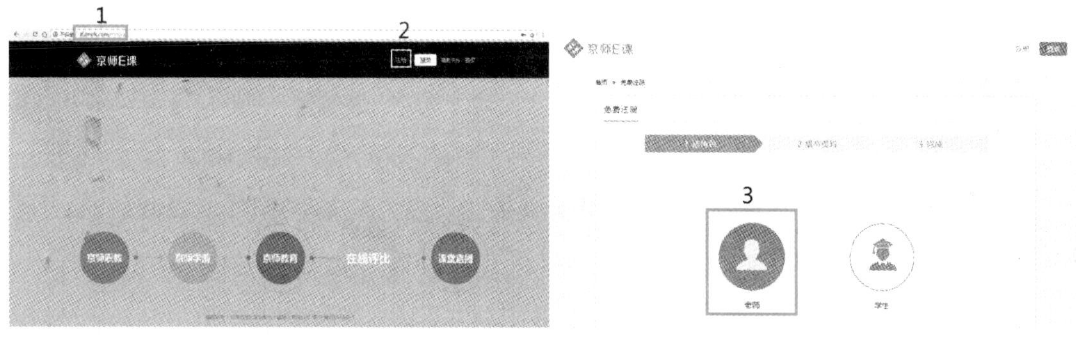

2. 进入“京师职教”→在右上方下拉菜单中进入“我的工作台”→点击“融媒体课程”。

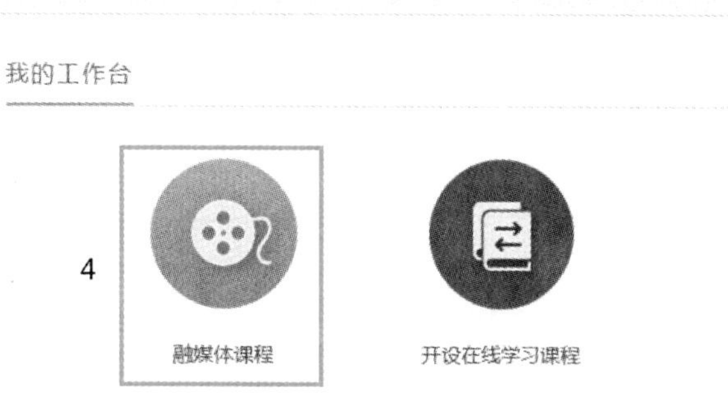

3. 点击“添加课程”→输入课程秘钥“jBbfRwjk”，关联课程成功后，进入“钳工技术与技能”，点击“查看资源”即可观看并下载相关资源。

4. 如在使用教材过程中发现相关问题，请发送邮件至 hailong _ pang@163.com，以便再版时完善。

更多配套资源陆续会在平台更新与上传，敬请期待！

序一

当前，在工业 4.0 国家战略指导下，德国在工业制造上的全球领军地位进一步得到夯实，而"双元制"职业教育是造就了德国战后经济腾飞的秘密武器。通过不断互相借鉴学习，中德两国在产业、教育等方面的合作已步入深水区，两国职业教育更需要不断积累素材、分享经验。本系列教材的出版基本实现了这一目标，它在保持原汁原味的德国教学特色上，结合中国实际情况进行了创新，层次清晰、中心突出、案例丰富、内容实用、方便教学，有力地展示了德国职业教育的精华。

本书编者辗转于德累斯顿工业大学、德累斯顿职业技术学校、德国手工业协会(HWK)培训中心和德国工商业联合会(IHK)培训中心，系统地接受了我方教师和专业培训师的指导，并亲身实践了整个学习领域的教学过程，对我们的教学模式有着深入的了解，积累了丰富的实践教学经验。

因此，本系列教材将满足中国读者对于德国"双元制"教学模式实际操作过程的好奇心，对有志了解德国职业教育教学模式的工科类学生、教师和探索多工种联合作业的人士最为适用。

法兰克·苏塔纳

2017 年 8 月 7 日

序二

课程始终是人才培养的核心，是学校的核心竞争力。而课程开发则是教师的基本功。课程开发的关键，并非内容，而是结构。从存储知识的结构—学科知识系统化，到应用知识的结构—工作过程系统化，是近几年来课程开发的一个重大突破。

当前，应用型、职业型院校对工作过程系统化的课程开发给予了高度重视。

伊水涌老师长期从事数控技术应用课程及教学改革研究，对基于知识应用型的课程不仅充分关注，而且付诸实践。伊老师多次赴德学习“双元制”职业教育的教育思想和教学方法，并负责中德合作办学项目，教学经验丰富，教学效果显著。近年来，由他领衔的团队在课程改革中，立足于应用型知识结构的搭建，并在此基础上开发了本套系列教材。

这套系列教材关于课程体系的构建所遵循的基本思路是，先确定职场或应用领域里的典型工作任务(整体内容)，再对典型工作任务归纳出行动领域(工作领域)，最后将行动领域转换为由多个学习领域建立的课程体系。

对每门课程来说，所开发的相应的教材，都遵循工作过程系统化课程开发的三个步骤：第一，确定该课程所对应的典型工作过程，梳理并列出这一工作过程的具体步骤；第二，选择一个参照系，对这一客观存在的典型工作过程进行教学化处理；第三，根据参照系确定三个以上的具体工作过程并进行比较，并按照平行、递进和包容的原则设计学习单元(学习情境)。

还需要指出，在系统化搭建应用性知识结构的同时，编辑团队还非常注意对抽象教学内容进行具象化处理，精心设计了大量内容载体，使其隐含解构后的学科知识。结合数控技术的应用，这些具体化的“载体”贯穿内容始终，由单一零件加工到整体装配全过程，培养了学生制造“产品”的理念，达到了职业教育课程内容追求工作过程完整性的这一要求。

本系列教材的出版是德国学习领域课程中国化的有效实践。相信通过实际应用，本教材会得到进一步完善，并会对其他专业的课程开发产生一定的影响，从而带领国内更多同人相互交流和认真切磋，达到学以致用的目的。

2017 年 8 月 5 日

前言

为服务“中国制造 2025”战略，适应我国社会经济发展对高素质、高技能劳动者的需求，强化职业教育特色，引进吸收德国“双元制”先进教学理念和优质教育资源，经过几年的中德职业教育实践，结合国内职业教育实际情况，我们依据德国 IHK、HWK 鉴定标准和数控技术应用专业的岗位职业要求，组织编写了本系列教材。

本系列教材具有三点创新之处：首先，从单一工种入门到综合技能实训，从传统加工入手到数控技术应用，教材中呈现了由单一零件加工到完成整体装配，实现功能运动的生产全过程，瞄准了职业教育强化工作过程的系统性改革方向；其次，系列教材之间既相互联系又相对独立，可与国内现有课程体系有效衔接，体现了以实际应用的教学目标为导向；最后，每本教材都引入“学习情境”并贯穿全书，力求突出实用性和可操作性，使抽象的教学内容具象化，满足了实际教学的要求。具体课时安排见下表。

<table>
<tr><th>序号</th><th>教材名称</th><th>建议课时</th><th>安排学期</th><th>备注</th></tr>
<tr><td>1</td><td>数控应用数学</td><td>60</td><td>第 1 学期</td><td></td></tr>
<tr><td>2</td><td>钳工技术与技能</td><td>80</td><td>第 1 学期</td><td rowspan="2">建议搭班进行小班化教学</td></tr>
<tr><td>3</td><td>焊工技术与技能</td><td>80</td><td>第 1 学期</td></tr>
<tr><td>4</td><td>车削加工技术与技能</td><td>240</td><td>第 2 学期</td><td rowspan="2">建议搭班进行小班化教学</td></tr>
<tr><td>5</td><td>铣削加工技术与技能</td><td>240</td><td>第 2 学期</td></tr>
<tr><td>6</td><td>AutoCAD 机械制图</td><td>80</td><td>第 3 学期</td><td></td></tr>
<tr><td>7</td><td>机械加工综合实训</td><td>240</td><td>第 3 学期</td><td>车铣钳复合实训</td></tr>
<tr><td>8</td><td>数控车加工技术与技能</td><td>120</td><td>第 4 学期</td><td rowspan="2">建议搭班进行小班化教学</td></tr>
<tr><td>9</td><td>数控铣加工技术与技能</td><td>120</td><td>第 4 学期</td></tr>
<tr><td>10</td><td>数控综合加工技术</td><td>240</td><td>第 5 学期</td><td>含有自动编程内容</td></tr>
<tr><td colspan="2">合计</td><td>1500</td><td></td><td></td></tr>
</table>

《钳工技术与技能》一书，围绕挂锁这一具体化的“载体”展开，共分为五个项目：钳工入门、锁体的加工、锁梁的加工、六角螺母的加工和装配。全书理论联系实际，实训步骤过程详细，图文并茂，浅显易懂，可读性强，对其他专业技能教学也具有借鉴作用。本书既可用作为中职、高职、技工院校钳工技能教学用书，也可作为钳工岗位培训教材。

本书具有如下特点。

1. 坚持理论知识“必需、够用”。技能实训内容紧紧以“载体”为主线的原则，注重前、后课程的有效衔接。

2. 注重建构学习者未来职业岗位所需的能力，包括专业能力、方法能力和社会能力。

3. 科学制订教学效果评价体系。每个检测内容的任务评价采用10分制，并分为主观和客观两个部分。主观部分根据实际情况分为10分、9分、7分、5分、3分、0分六档；客观部分根据检测情况分为10分、0分两档。任务评价还引入了产品只有合格品和废品的概念，提高质量意识。同时，按照客观部分占85％、主观部分占15％核算得分率，评定等级。

4. 以信息化教学促进学习效率的提高。可通过扫描二维码查看相关教学资源，在线自主学习相关技能操作，以突破教学难点。

本书由伊水涌任编著，刘达、姚兴禄、董祖国、童奇波、林吉波、路平参与编写工作。全书由伊水涌统稿，杨全利主审。

在本书的编写过程中，得到了同行及有关专家的热情帮助、指导和鼓励，在此一并表示由衷的感谢。

由于编者水平有限，书中难免有疏漏之处，望不吝赐教。

编　者

目录

绪 论

一、 钳工在机械制造业中的地位

机器设备都是由若干零件组成的，而大多数零件是用金属材料制成的。随着科学技术的发展，一部分机器零件已经能用精密铸造或冷挤压等方法制造，但绝大多数零件还是要进行金属切削加工。通常是经过铸造、锻造、焊接等加工方法先制成毛坯，然后经过车、铣、刨、磨、钳、热处理等加工制成零件，最后将零件装配成机器。所以，一台机器设备的产生，需要许多工种的相互配合来完成。一般的机械制造厂都有铸工、锻工、焊工、车工、铣工、刨工、磨工、钳工、热处理工等多个工种。

随着机械工业的日益发展，钳工的工作范围越来越广泛，需要掌握的技术理论知识和操作技能也越来越复杂。于是产生了专业性的分工，以适应不同工作的需要。有的钳工主要从事机器或部件的装配、调整工作和一些零件的钳加工工作；有的钳工主要从事模具、夹具、工具、量具及样板的制作和修理工作；有的钳工则主要从事各种机械设备的维护和修理工作。

二、 钳工的基本内容

钳工是使用钳工工具或设备，按技术要求对工件进行加工、修整、装配的工种。在机械加工中，往往需要车、钳、铣、刨、磨等各工种共同配合，钳工是其中主要工种之一，主要内容有划线、錾切、锯削、锉削、钻孔、扩孔、锪孔、绞孔、攻丝和套丝、弯曲和矫正等，见表 0-0-1。

表 0-0-1 钳工的基本内容

基本内容	图示	基本内容	图示
划线	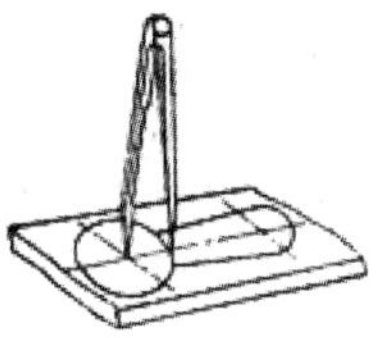	錾切	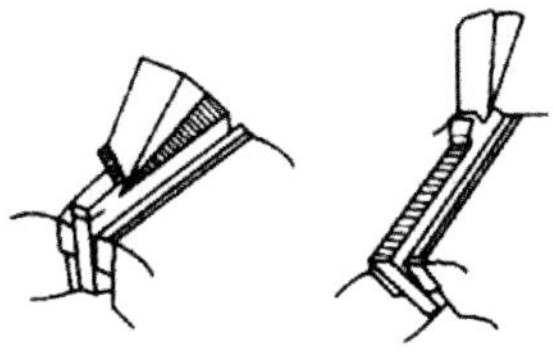

续表

基本内容	图示	基本内容	图示
锯削	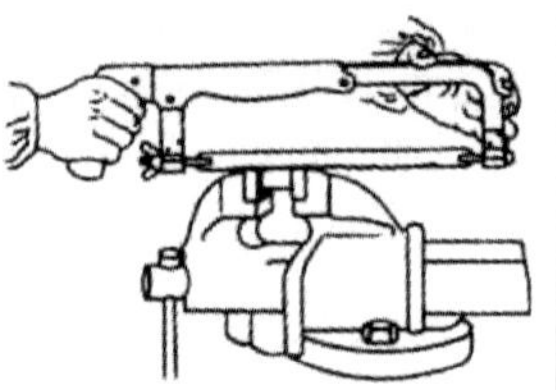	锉削	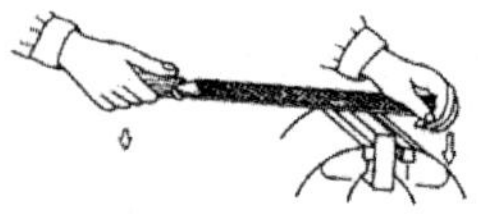
钻孔		扩孔	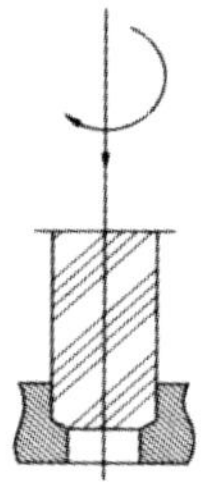
锪孔	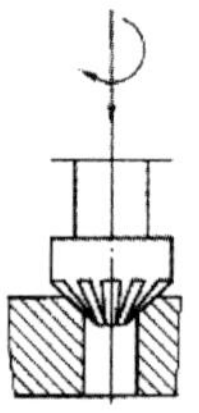	铰孔	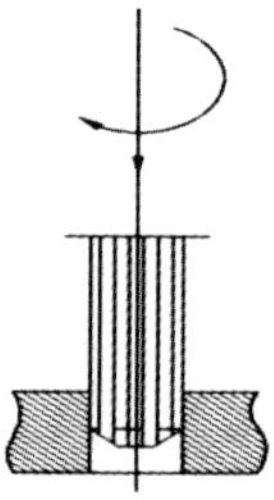
攻丝和套丝	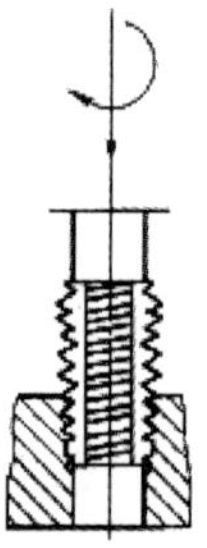	弯曲和矫正	

三、 钳工的特点

钳工有三大优点(加工灵活、可加工形状复杂和高精度的零件、投资小)和两大缺点(生产效率低和劳动强度大、加工质量不稳定)。

(1)加工灵活。在不适于机械加工的场合，尤其是在机械设备的维修工作中，钳工加工可获得满意的效果。

(2)可加工形状复杂和高精度的零件。技术熟练的钳工可加工出比现代化机床加工的零件还要精密和光洁的零件，可以加工出连现代化机床也无法加工的形状非常复杂的零件，如高精度量具、样板、开头复杂的模具等。

(3)投资小。钳工加工所用工具和设备价格低廉，携带方便。

(4)生产效率低，劳动强度大。

(5)加工质量不稳定。加工质量的高低受工人技术熟练程度的影响。

四、 学习内容与方法

本书遵循理论与实践相结合的学习方法，突出了技能训练的实用性、规范性与整体性。在每个任务中均安排了与“学习活动”紧密联系的“实践活动”，这种理论与实际完全同步紧密结合的教学方式，有利于学生用理论指导实践，并通过实践加深对理论的理解和掌握，对培养学生就业的岗位能力有非常积极的作用。

本书围绕挂锁这一具体化的“载体”展开，内容包括钳工入门、锁体的加工、锁梁的加工、六角螺母的加工和装配。挂锁的装配图见图 0-0-1，3D 图见图 0-0-2。本课程的学习采用由单一零件加工到最后实现整体装配成形这一生产全过程，培养学生工作过程的全局观念，同时达到以下具体要求。

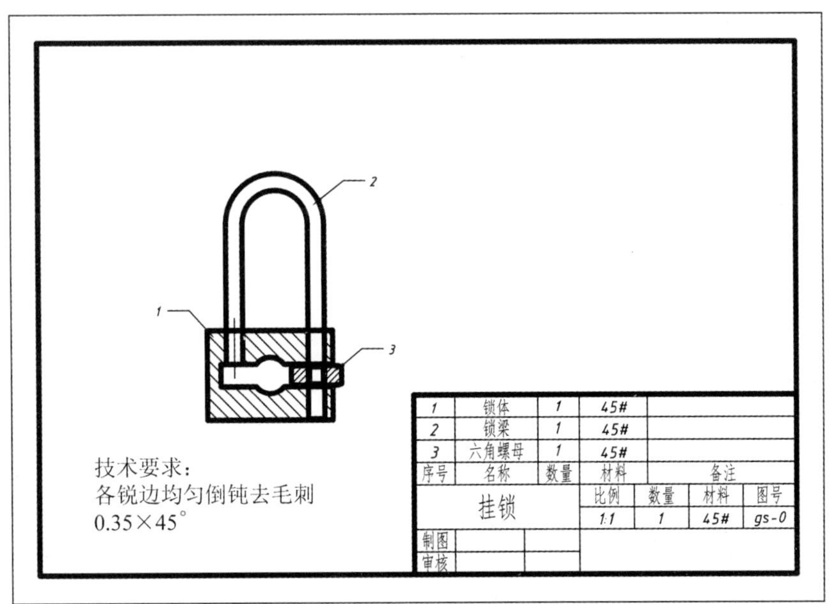

图 0-0-1 挂锁装配图

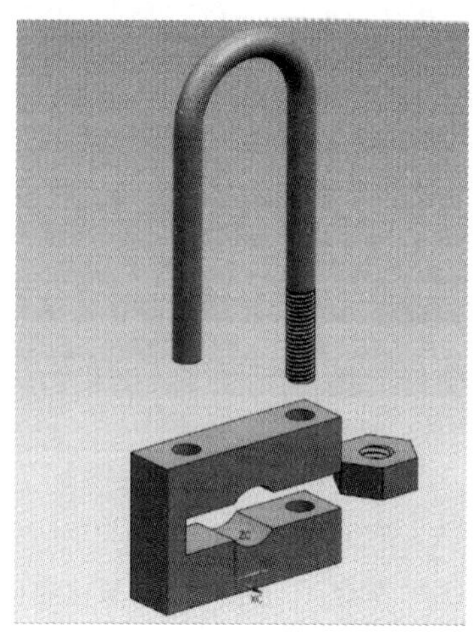

图 0-0-2 挂锁 3D 图

(1)了解钳工常用工、量具的结构，熟练掌握其使用方法。

(2)能合理地选择钳工工具和设备，能独立制订复杂工件的加工工艺，熟练掌握钳工技能。

(3)能对工件进行质量分析，并提出预防质量问题的措施。

(4)掌握安全生产知识，做到文明生产。

(5)了解本专业的新工艺、新技术以及提高产品质量和劳动生产率的方法。能查阅与手工专业有关的技术资料。

项目一

钳工入门

项目导航

本项目任务要求了解钳工入门及掌握基本技能，其中需要掌握游标卡尺、高度游标卡尺的使用和钳工划线基本技能。

学习要点

1. 熟悉常用的钳工方法。
2. 掌握常用的钳工测量手段。
3. 掌握钳工中的划线技能。
4. 遵守钳工工厂安全规则。

任务一　认识钳工

任务目标

1. 了解钳工任务与基本操作内容。
2. 了解常用的钳工设备和工量具。
3. 熟悉实训室 7S 管理要求。
4. 熟悉钳工的安全操作规程。

学习活动

一、钳工任务与基本操作内容

(一)钳工任务

钳工大多是用手工工具并经常在台虎钳上进行手工操作的一个工种。其主要任务如下。

(1)加工零件：一些采用机械方法不适宜或不能解决的加工都可由钳工来完成。如零件加工过程中的划线、精密加工(如刮削、研磨、锉削样板和创作模具等)以及检验和修配等。

(2)装配：把零件按机械设备的各项技术要求进行组件、部件装配和总装。

(3)设备维修：当机械设备在使用过程中发生故障、出现损坏或长期使用后精度降低，影响使用时，也要通过钳工进行维护和修理。

(4)工具的制造和修理：制造和修理各种工具、夹具、量具、模具及各种专用设备。因此，钳工是机械制造工业中不可缺少的工种。

(二)钳工的基本操作内容

钳工尽管专业分工不同，但他们都必须掌握好钳工的各项基本操作技能。其内容有划线、錾切、锯削、锉削、钻孔、扩孔、锪孔、绞孔、攻丝和套丝、弯曲和矫正、铆接、粘结、刮削、研磨、装配和调试、测量以及简单的热处理等。

下面简单介绍几种钳工常用的加工方法。

1. 划线

根据图样要求，在工件上划出加工界线的操作，称为划线。划线分平面划线和立体划线两种。

(1)平面划线。只需要在工件的一个表面上划线后即能明确表示加工界线的，称为平面划线，如图 1-1-1 所示。

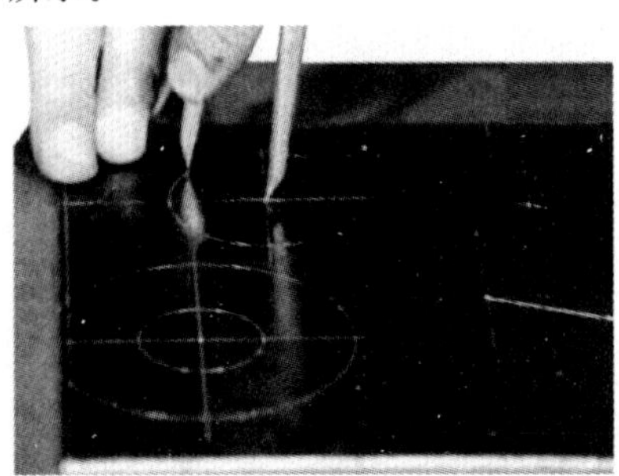

图 1-1-1 平面划线

(2)立体划线。在工件上几个互成不同角度(通常是互相垂直)的表面上都划线，才能明确表示加工界线的，称为立体划线，如图 1-1-2 所示。

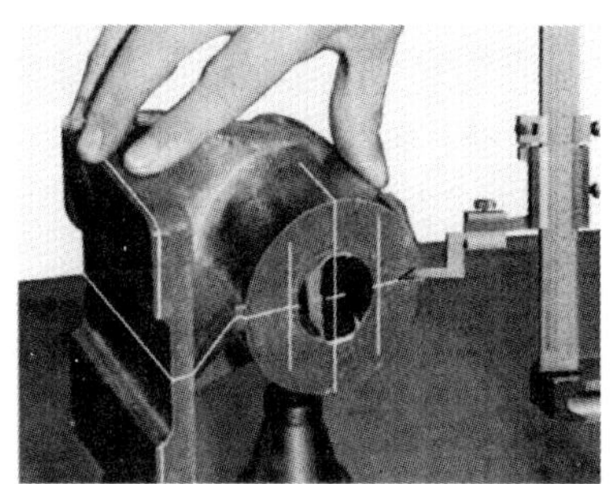

图 1-1-2　立体划线

(3)划线的作用。划线工作不仅在毛坯表面上进行，也经常在已加工过的表面上进行，如在加工后的平面划出钻孔的加工线。划线的作用如下。

①确定工件的加工余量，使机械加工有明确的尺寸界线。

②便于复杂工件在机床上安装，可以按划线找准定位。

③能够及时发现和处理不合格的毛坯，避免加工后造成损失。

④采用借料划线可以使误差不大的毛坯得到补救，使加工后的零件仍能符合要求。

划线是机械加工的重要工序之一，广泛应用于单件和小批量生产。划线是钳工应该掌握的一项重要操作。

2. 錾切

用手锤敲击錾子对金属进行切削加工的过程，称为錾切。目前錾切工作主要用于不便于机械加工的场合，如去除毛坯上的凸缘、毛刺、分割材料、錾切平面及油槽等。同时通过錾切工作的锻炼，可以提高锤击的准确性，为装拆机械设备打下扎实的基础。錾切是钳工工作中一项较为重要的基本操作。

錾切时所用的工具主要是手锤和錾子，如图 1-1-3 所示。

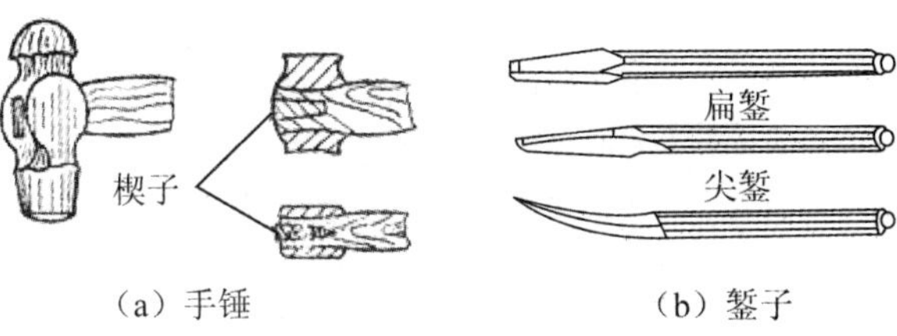

图 1-1-3　手锤和錾子

3. 锯削

用手锯把材料分割成几个部分叫锯削。它可以锯断各种原材料或半成品，锯掉工件上多余的部分或在工件上锯槽等。

手锯由锯弓和锯条两部分组成，如图 1-1-4 所示。

4. 锉削

用锉刀对工件表面进行切削加工叫锉削，如图 1-1-5 所示。一般情况下，锉削是在錾、锯之后对工件进行的精度较高的加工。锉削精度可达 0.01 mm，表面粗糙度可达 Ra 0.8。

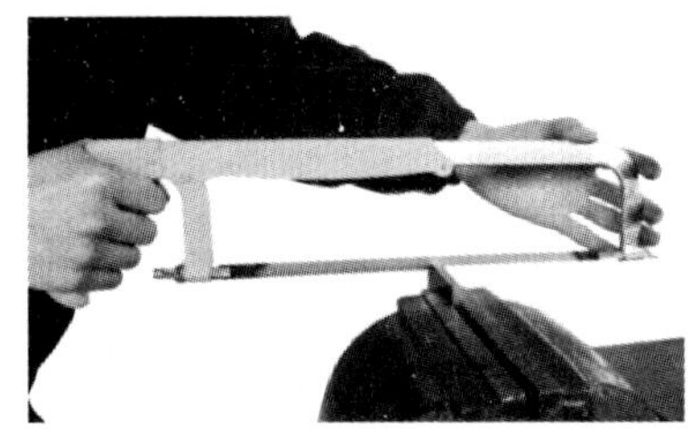

图 1-1-4　锯削

图 1-1-5　锉削

锉削的应用范围很广，可以锉削平面、曲面、外表面、内孔、内槽和各种复杂表面，还可以配键、做样板及在装配中修整工件。锉削是钳工常用的重要操作之一。

5. 钻孔

用钻头在实体工件上加工出孔的方法称为钻孔，如图 1-1-6 所示。

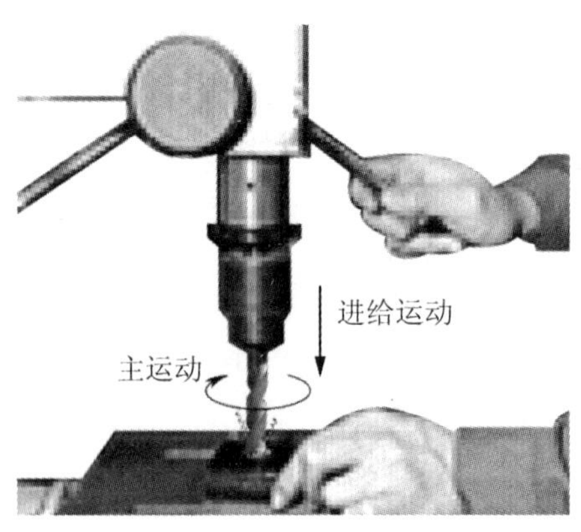

图 1-1-6　钻孔

二、钳工常用设备

1. 钳台

(1)钳台的用途。钳台也称钳工台或钳桌，用木材或钢材制成，其样式可以根据要求和条件决定，主要作用是安装台虎钳。

(2)钳台长、宽、高尺寸的确定。

钳台台面一般是长方形，长、宽尺寸由工作需要决定，高度一般为 800 mm～900 mm 为宜，以便安装上台虎钳后，让钳口的高度与一般操作者的手肘持平，使操作方便省力，如图 1-1-7 所示。

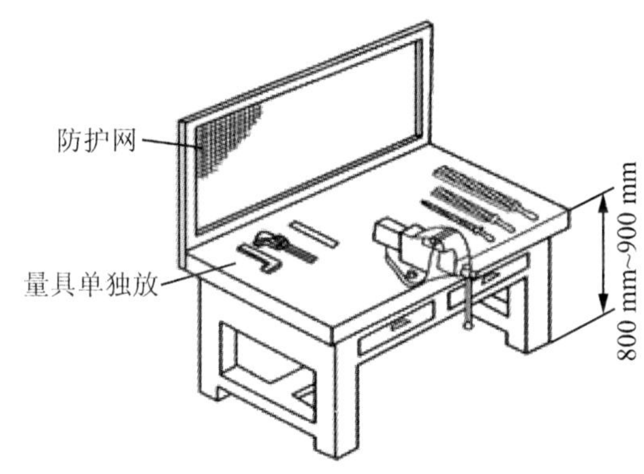

图 1-1-7　钳台

2. 台虎钳

(1)台虎钳的用途、规格和类型。

用途：台虎钳是专门用来夹持工件的。

规格：台虎钳的规格是指钳口的宽度，常用的有 100 mm、125 mm、150 mm 等几种规格。

类型：台虎钳的类型有固定式和回转式两种，如图 1-1-8 所示。

(2)使用台虎钳的注意事项。

①夹紧工件时，松紧要适当，只能用手力拧紧，而不能借用助力工具加力。一是防止丝杆与螺母及钳身损坏；二是防止夹坏工件表面。

②强力作业时，力的方向应朝向固定钳身，以免增加活动钳身和丝杆、螺母的负载，影响其使用寿命。

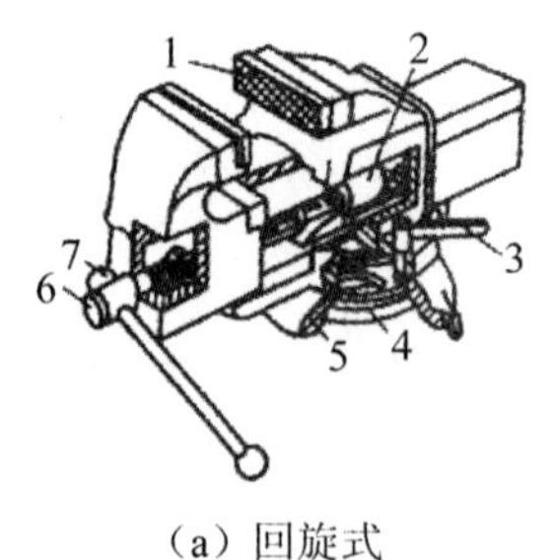

(a) 回旋式

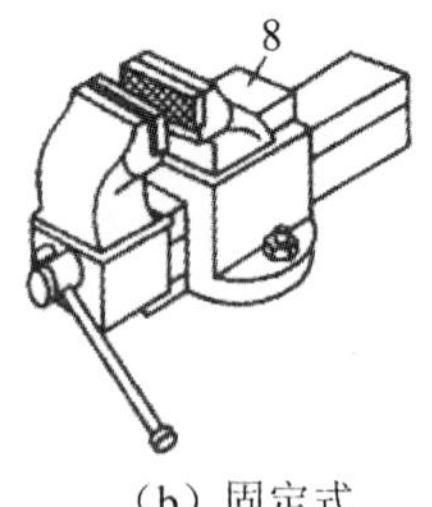

(b) 固定式

图 1-1-8 台虎钳

1—钳口 2—固定螺母 3—转盘扳手 4—夹紧盘

5—转盘座 6—螺杆 7—手柄 8—砧座

③不能在活动钳身的光滑平面上敲击作业，以防止破坏它与固定钳身的配合性。

④对丝杆、螺母等活动表面，应经常清洁、润滑，以防生锈。

3. 砂轮机

(1)砂轮机的用途。

磨削各种刀具或工具，如图 1-1-9 所示。

图 1-1-9 砂轮机

(2)砂轮机使用时的注意事项。

①砂轮机的旋转方向要正确。

②砂轮起动后，应等砂轮旋转平稳后再开始磨削，若发现砂轮跳动明显，应及时停机休整。

③砂轮机的搁架与砂轮之间的距离应保持在 3 mm 以内，以防止磨削件轧人，发生事故。

④磨削过程中，操作者应站在砂轮的侧面或斜对面，而不要站在正对面。

4. 钻床

钻床是加工孔的设备。钳工常用钻床有台式、立式和摇臂式。

(1)台式钻床。台式钻床是一种小型钻床，如图 1-1-10 所示。一般用来钻直径为13 mm 以下的孔，台式钻床的规格是指所钻孔的最大直径，常用的有 6 mm、12 mm 等几种规格。

图 1-1-10 台式钻床

(2)立式钻床。立式钻床一般用来钻中小型工件上的孔，如图 1-1-11 所示。常用的有 25 mm、35 mm、40 mm、50 mm 等几种规格。

(3)摇臂式钻床。摇臂钻床常用于大工件及多孔工件的钻孔，如图 1-1-12 所示。摇臂钻床的工作范围很大，摇臂的位置由电动涨闸锁紧在立柱上，主轴变速箱可由电动锁紧装置固定在摇臂上。

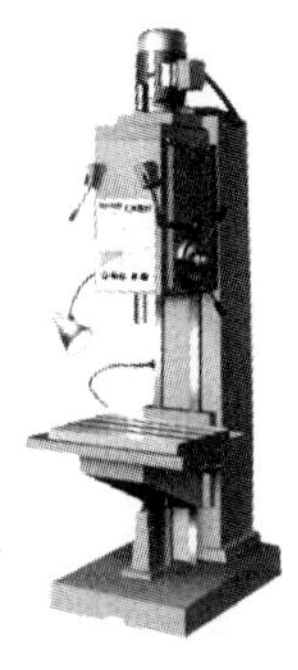

图 1-1-11 立式钻床

图 1-1-12 摇臂钻床

三、 实训室 7S 管理要求

7S 活动起源于日本，指的是在生产现场对人员、机器、材料、方法、环境实施有效管理的活动。7S 活动不仅在日本推行，全世界一流企业现在都在推行 7S 活动，并且都推进得很好。

推行 7S 有八个作用：亏损、不良、浪费、故障、切换产品时间、事故、投诉、缺勤率八个方面都为零，称之为“八零工厂”。7S 活动锻炼出“从小事做起、从我做起、从身边做起、从看不见的地方做起”的“凡事彻底”的良好心态，以及“现场、现物、现状、原理、原则”的 5G 管理的务实作风，是现代企业的管理基石。“安全”这一要素，是对原有 5S 的一个补充。以“工作现场管理要点”这个主题去理解，增加“安全”这个要点是很可取的。安全不仅仅是意识，我们需要把它当作一件大事独立、系统地进行，并不断维护。安全工作常常因为细小的疏忽而酿成大错，光强调意识是不够的。因此，我们将其位置提升到“清洁”之前，成为一个行动要素，而在后面的“清洁”“素养”当中自然也应当包括安全方面的规范与意识，这样才真正将“安全”要素融入原有的 5S 体系，见表 1-1-1。

表 1-1-1 安全生产规则

项目	内容	图示说明
整理 (SEIRI)	要与不要、坚决留弃 关键点：区分条件 1. 2个月以上才有使用机率的放于待处理区 2. 1～2个月内有使用机率的放于摆放区 3. 常用区(周常用具、日常用具)	
整顿 (SEITON)	科学布局、取拿便捷 30s内找到要找的物品，将寻找必需品的时间减少到零，能迅速取出、放回和使用 1. 三要素：场所、方法、标识 2. 三定工作：定点、定量、定容	
清扫 (SEISO)	扫除垃圾、美化环境 岗位无垃圾、无灰尘，保持干净整洁的状态 关键清洁对象：地板、墙壁、天花板、工具架、橱柜、机器表面及死角、工具、测量用具等	
清洁 (SEIKETSU)	长抓不懈、坚持到底 整理、整顿、清扫进行到底，并制度化、管理公开化、透明化、日常化 关键点：责任到人，列入作业规范，区域明确	

续表

项目	内容	图示说明
素养 （SHITSUKE）	自觉遵守、养成习惯 形成制度，员工必须严格遵守执行，强调团队精神，养成良好的习惯 关键点：制订评比方案、奖惩措施，日常互检，一切明确细致	
安全 （SAFETY）	预防为主、系统推进 关键点：日常检查	
节约 （SAVING）	对时间、空间、能源等方面合理利用 实施时应该秉持三个观念：能用的东西尽可能利用；以自己就是主人的心态对待企业的资源；切勿随意丢弃，丢弃前要思考其剩余使用价值 关键点：控制成本	

四、 钳工安全操作规程

钳工安全操作规程见表 1-1-2。

表 1-1-2　钳工安全操作规程

序号	内容
1	工作前，应按所用工具的需要和有关规定，穿戴好防护用具 如使用电动工具须戴绝缘手套，并严格遵守相应电动工具操作规程，女工发辫要装入工作帽中

续表

序号	内容
2	所用工具必须齐备、完好、可靠才能开始工作。禁止使用有裂纹、带毛刺、手柄松动等不符合安全要求的工具，并严格遵守常用工具安全操作规程
3	开动设备，应先检查防护装置、紧固螺钉以及检查电、油、气等动力开关是否完好，并空载试车检验，方可投入工作；操作时应严格遵守所用设备的安全操作规程
4	如设备上的电气线路和器件以及电动工具发生故障，应交给电工维修，自己不得拆卸；不准自己动手敷设线路和安装临时电源
5	工作中注意周围人员及自身安全，防止因挥动工具、工具脱落、工件及铁屑飞溅造成人员伤害；两人以上一起工作时要注意协调配合
6	清除铁屑，必须使用工具
7	工作完毕或因故离开工作岗位，必须将设备和工具的电、气、水、油源断开；工作完毕，必须清理工作场地，将工具和零件整齐地摆放在指定的位置上

五、 钳工安全文明生产要求

钳工安全文明生产的基本要求见表 1-1-3。

表 1-1-3 钳工安全文明生产的基本要求

序号	内容
1	合理布局主要设备
2	使用电动工具时，要有绝缘防护和安全接地措施，发现损坏应及时上报，在修复前不得使用；使用砂轮时，要戴好安全防护眼镜
3	毛坯和加工零件应放在规定位置，要排列整齐平稳，便于取放，避免碰伤已加工面
4	工、量具的安放，应按下列要求布置 (1)右手取用的工、量具放在右边，左手取用的工、量具放在左边，且排列整齐，不能使其伸到钳台以外 (2)量具不能与工具或工件混放在一起，应单放在量具盒内或专用板架上；精密的工、量具更要轻拿轻放 (3)工、量具要整齐地放入工具箱内，不应任意堆放，以防受损和取用不便；工、量具用后要及时维护、存放 (4)保持工作场地的整洁；工作完毕后，对所使用过的设备都应按要求清理、润滑，对工作场地要及时清扫干净

实践活动

一、实践条件

实践条件见表 1-1-4。

表 1-1-4　实践条件

类别	名称
设备	钻床、台虎钳、钳台
量具	各种量具若干
工具	各种工具若干
其他	工作服、帽子、工具箱

二、实践步骤

步骤 1：安全教育，按“两穿两戴”要求，正确完成工作服、工作帽、工作鞋、工作镜的穿戴。

步骤 2：进入实训场地，按“7S”规范要求，整理工具箱。

步骤 3：按“7S”规范要求，整理工、量、刃具。

扫一扫：观看“7S”规范的学习视频。

三、注意事项

(1)初学者对车间内感到好奇的物品，可能存在危险性。应做到教师没有讲的内容不要擅作主张去“研究”。

(2)按照各自的工位位置完成任务，不要随意串岗和走动。

(3)对于安全规则和文明生产的教育可通过观看“7S”规范的学习视频来加深印象。

(4)下车间实训之前，可以事先通过参观历届同学的实习工件和生产产品或者参观学校或工厂的设施增加了解。

专业对话

1. 简述钳工中的“7S”管理要求。

2. 在操作钻床时，为什么不允许戴手套操作？

3. 在钳工中经常需要用到各种长度测量工具，请随机写出五种，并写出其主要的应用领域或范围。

任务评价

考核标准见表 1-1-5。

表 1-1-5　考核标准

<table>
<tr><th>序号</th><th>检测内容</th><th>检测项目</th><th>分值</th><th>评分标准</th><th>自测结果</th><th>得分</th><th>教师检测结果</th><th>得分</th></tr>
<tr><td>1</td><td rowspan="6">主观评分 B（安全文明生产）</td><td>正确穿戴工作服</td><td>10</td><td rowspan="4">穿戴整齐、紧扣、紧扎</td><td></td><td></td><td></td><td></td></tr>
<tr><td>2</td><td>正确穿戴工作帽</td><td>10</td><td></td><td></td><td></td><td></td></tr>
<tr><td>3</td><td>正确穿戴工作鞋</td><td>10</td><td></td><td></td><td></td><td></td></tr>
<tr><td>4</td><td>正确穿戴工作镜</td><td>10</td><td></td><td></td><td></td><td></td></tr>
<tr><td>5</td><td>工具箱的整理</td><td>10</td><td>分类定置和分格存放</td><td></td><td></td><td></td><td></td></tr>
<tr><td>6</td><td>工、量、刃具的整理</td><td>10</td><td>按拿、取方便的原则，分类摆放有序</td><td></td><td></td><td></td><td></td></tr>
<tr><td>7</td><td colspan="2">主观 B 总分</td><td colspan="2">60</td><td colspan="2">主观 B 实际得分</td><td colspan="2"></td></tr>
<tr><td>8</td><td colspan="2">总体得分率</td><td colspan="2"></td><td colspan="2">评定等级</td><td colspan="2"></td></tr>
<tr><td>评分说明</td><td colspan="8">1. 主观评分 B 分值为 10 分、9 分、7 分、5 分、3 分、0 分
2. 总体得分率 B：（B 实际得分/B 总分）×100%
3. 评定等级：根据总体得分率 B 评定，具体为 B≥92%＝1，B≥81%＝2，B≥67%＝3，B≥50%＝4，B≥30%＝5，B<30%＝6</td></tr>
</table>

拓展活动

1. 职业道德的内容包括________。

A. 从业者的工作计划　　B. 职业道德行为规范

C. 从业者享有的权利　　D. 从业者的工资收入

2. 职业道德基本规范不包括________。

A. 爱岗敬业忠于职守　　B. 诚实守信办事公道

C. 发展个人爱好　　D. 遵纪守法廉洁奉公

3. 违反安全操作规程的是________。

A. 严格遵守生产纪律　　B. 遵守安全操作规程

C. 执行国家劳动保护政策　　D. 可使用不熟悉的机床和工具

4. 机器启动前，工作场地要________。

A. 保持总装时的状态

B. 打扫一下卫生

C. 清理多余的材料、工具、设备，保证充足的空间

D. 尽量多准备一些物品，以防不测

5. 空运转试验是指机器或部件装配后，________负荷所进行的运转试验。

A. 不加　　B. 加　　C. 超过　　D. 满

6. 机床“三级保养制”的顺序是________。

A. 日常、一级、二级　　B. 一级、二级、日常

C. 日常、二级、一级　　D. 一级、日常、二级

7. 职业道德的实质内容是________。

A. 树立新的世界观　　B. 树立新的就业观念

C. 增强竞争意识　　D. 树立全新的社会主义劳动态度

8. 具有高度责任心不要求做到________。

A. 方便群众，注重形象　　B. 责任心强，不辞辛苦

C. 尽职尽责　　D. 工作精益求精

9. 保持工作环境清洁有序，下列叙述不正确的是________。

A. 优化工作环境　　B. 工作结束后再清除油污

C. 随时清除油污和积水　　D. 整洁的工作环境可以振奋职工精神

10. 一级保养规定，钻床在累计运转________小时后进行一次保养。

A. 600　　B. 500　　C. 400　　D. 300

11. 检查油质，保持油质良好是立式钻床一级保养中的________。

A. 外保养　　B. 润滑保养　　C. 冷却保养　　D. 电器保养

任务二 游标卡尺及高度游标卡尺的使用

任务目标

在钳工中，游标卡尺和高度游标卡尺的使用是钳工的基本技能，需要熟练掌握。请按照图 1-2-1 所示的零件图要求，完成本次技能训练任务。

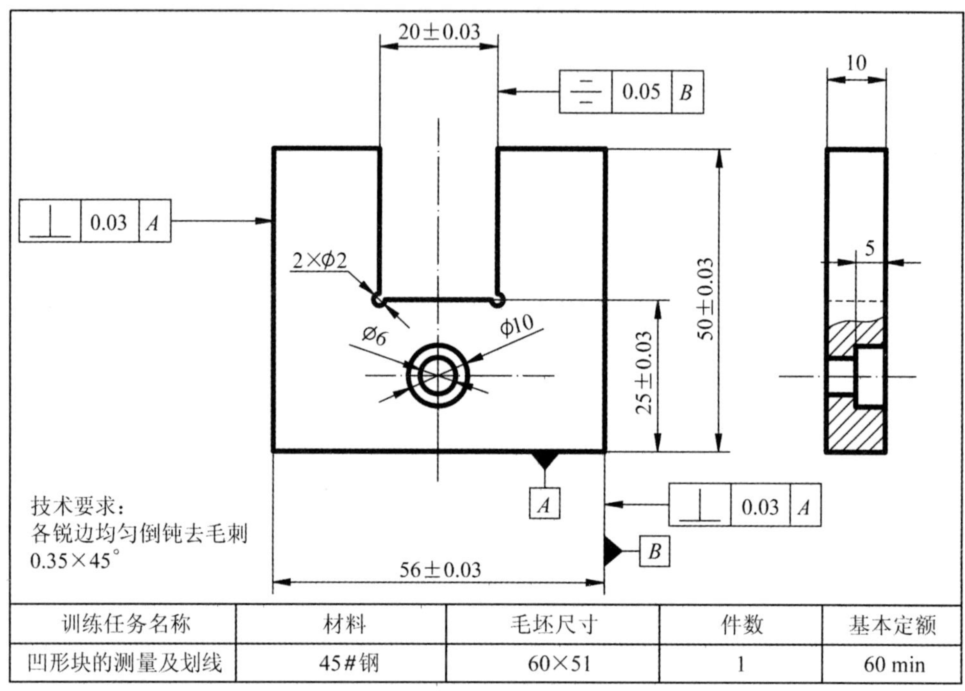

训练任务名称	材料	毛坯尺寸	件数	基本定额
凹形块的测量及划线	45#钢	60×51	1	60 min

图 1-2-1 凹形块的测量及划线

学习活动

一、 游标卡尺的使用

游标卡尺作为一种被广泛使用的高精度测量工具，它由主尺和附在主尺上能滑动的游标两部分构成，基本结构如图 1-2-2 所示。如果按游标的刻度值来分，游标卡尺分为 0.1 mm、0.05 mm、0.02 mm 三种。

1. 游标卡尺的结构。

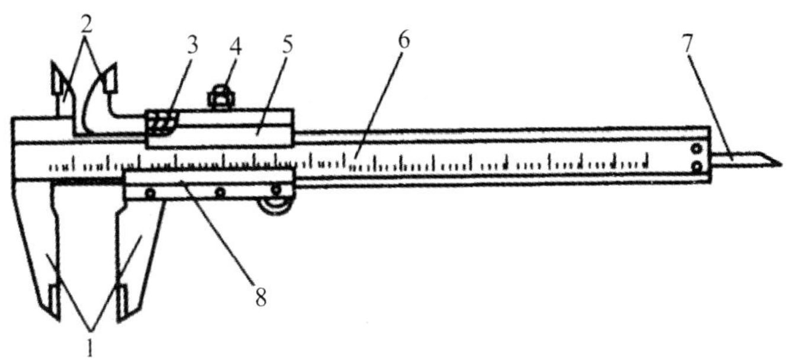

图 1-2-2 游标卡尺的结构

1—外量爪 2—内量爪 3—弹簧片 4—紧固螺钉 5—尺框 6—尺身 7—深度尺 8—游标

2. 常用的普通游标卡尺。

常用的普通游标卡尺见表 1-2-1。

表 1-2-1 常用的普通游标卡尺

序号	内容	图示
1	三用游标卡尺	
2	单面游标卡尺	
3	双面游标卡尺	
4	表盘游标卡尺	

续表

序号	内容	图示
5	数显游标卡尺	

3. 游标卡尺的读数方法

用游标卡尺测量工件时，游标卡尺的读数方法，如图 1-2-3 所示。

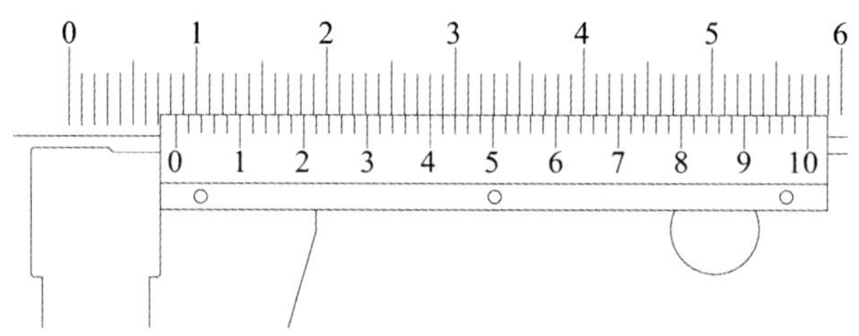

读数＝整数部分＋小数部分

读数＝8＋21×0.02＝8.42(mm)

图 **1-2-3** 游标卡尺的读数方法

用游标卡尺读数时可以分为三个步骤，见表 1-2-2。

表 1-2-2 游标卡尺的读数方法

步骤	内容
第一步	读整数。读出游标“0”线左面尺身上的整毫米数，尺身上每格为 1 mm，即 8 mm
第二步	读小数。读出游标与尺身对齐刻线处的小数毫米数，即读出小数部分为 21×0.02＝0.42(mm)
第三步	求和。将上述两次读数相加就是被测件的整个读数，即最后读数为 8＋0.42＝8.42(mm)

4. 游标卡尺的使用

使用游标卡尺测量零件尺寸时，必须注意以下几点，见表 1-2-3。

表 1-2-3　游标卡尺的注意事项

序号	内容
1	测量前应把卡尺擦干净，检查卡尺的两个测量面和测量刃口是否平直无损，把两个量爪紧密贴合时，应无明显的间隙，同时游标和主尺的零位刻线要相互对准，这个过程称为校对游标卡尺的零位
2	移动尺框时，活动要自如，不应过松或过紧，更不能有晃动现象；用固定螺钉固定尺框时，卡尺的读数不应有所改变
3	当测量零件的外尺寸时，卡尺两测量面的联线应垂直于被测量表面，不能歪斜
4	测量沟槽时，应当用量爪的平面测量刃进行测量，尽量避免用端部测量刃和刀口形量爪去测量外尺寸；而对于圆弧形沟槽尺寸，则应当用刃口形量爪进行测量，不应当用平面形测量刃测量
5	测量沟槽宽度时，也要放正游标卡尺的位置，应使卡尺两测量刃的连线垂直于沟槽，不能歪斜
6	当测量零件的内尺寸时，卡尺两测量刃应在孔的直径上，不能歪斜
7	用游标卡尺测量零件时，不允许过分地施加压力，所用压力应使两个量爪刚好接触零件表面
8	读数时，应水平手持卡尺，朝着光亮的方向，使人的视线尽可能和卡尺的刻线表面垂直，以免由于视线的歪斜造成读数误差；为了获得正确的测量结果，可以多测量几次

二、 高度游标卡尺的使用

高度游标卡尺简称高度尺，是游标卡尺的一种测量工具，如图 1-2-4 所示。主要用来测量物件的高度、划线等。

图 1-2-4　高度游标卡尺

1. 高度游标卡尺的结构和应用

高度游标卡尺的结构如图 1-2-5 所示，用于测量零件的高度和精密划线。它的结构特点是用质量较大的基座 4 代替固定量爪 5，而移动的尺框 3 则通过横臂装有测量高度和划线用的量爪，量爪的测量面上镶有硬质合金，以提高量爪的使用寿命。高度游标卡尺的测量工作，应在平台上进行。当量爪的测量面与基座的底平面位于同一平面时，如在同一平台平面上，主尺 1 与游标 6 的零线相互对准。所以在测量高度时，量爪测量面的高度，就是被测量零件的高度尺寸，它的具体数值，与游标卡尺一样可在主尺(整数部分)和游标(小数部分)上读出。应用高度游标卡尺划线时，调好划线高度，用紧固螺钉 2 把尺框锁紧后，在平台上先进行调整再进行划线。

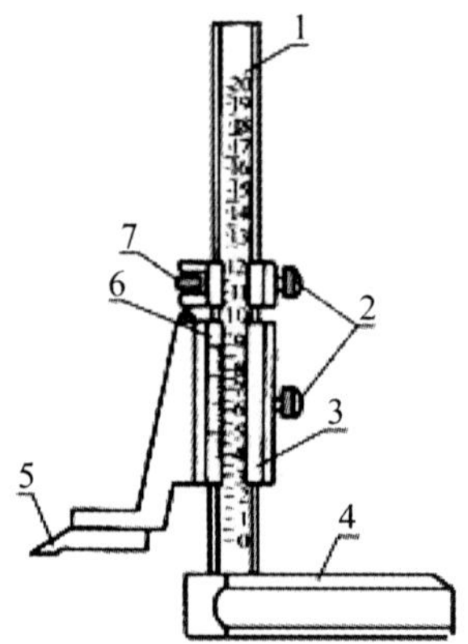

图 1-2-5 高度游标卡尺的结构

1—主尺 2—紧固螺钉 3—尺框 4—基座 5—量爪 6—游标 7—微动装置

高度游标卡尺的应用如图 1-2-6 所示。

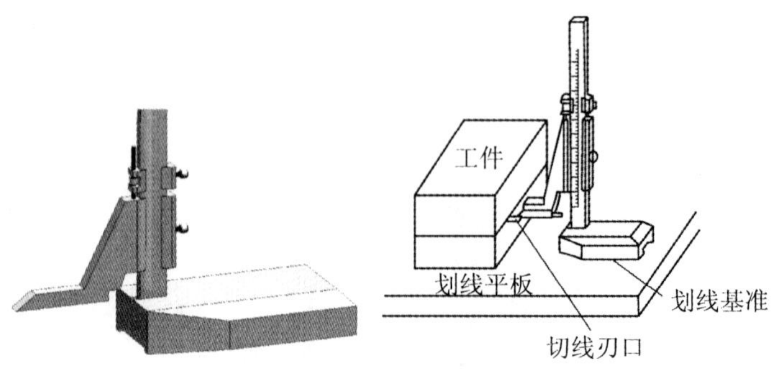

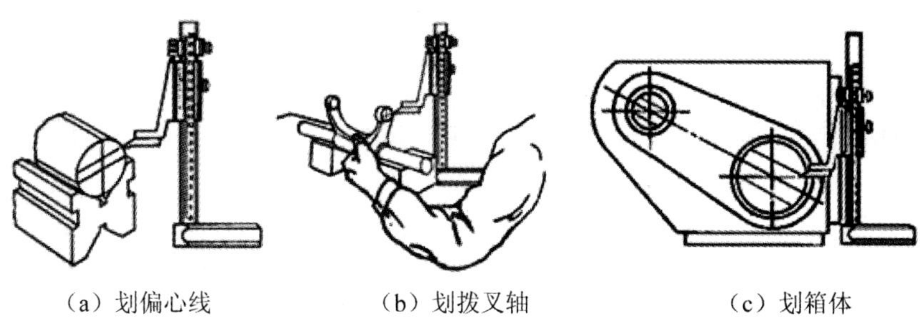

（a）划偏心线　（b）划拨叉轴　（c）划箱体

图 1-2-6　高度游标卡尺的应用

2. 高度游标卡尺的使用注意事项

高度游标卡尺的使用注意事项见表 1-2-4。

表 1-2-4　高度游标卡尺的使用注意事项

序号	内容
1	测量前，应擦净工件测量表面和高度游标卡尺的主尺、游标、测量爪；检查测量爪是否磨损
2	使用前，调整量爪的测量面与基座的底平面位于同一平面，检查主尺、游标零线是否对齐
3	测量工件高度时，应将量爪轻微摆动，在最大部位读取数值
4	读数时，应使视线正对刻线；用力要均匀，测力 3～5 N，以保证测量准确性
5	使用时，注意清洁高度游标卡尺测量爪的测量面
6	不能用高度游标卡尺测量锻件、铸件表面与运动工件的表面，以免损坏卡尺
7	长时间不使用的游标卡尺应擦净、上油，放入盒中保存

实践活动

一、实践条件

实践条件见表 1-2-5。

表 1-2-5　实践条件

类别	名称
工具	画线平板、划针
量具	钢直尺、游标卡尺、高度游标卡尺
其他	靠铁、V 铁、加工好的零件等

二、实践步骤

游标卡尺和高度游标卡尺的操作步骤见表 1-2-6。

表 1-2-6 游标卡尺和高度游标卡尺的操作步骤

序号	步骤	操作	图示
1	实践准备	安全教育，分析图样	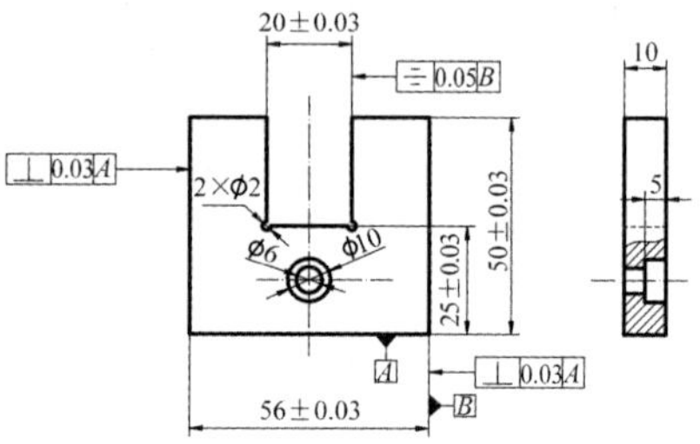 20±0.03；⌯0.05 B；⊥0.03 A；2×Φ2；Φ6；Φ10；25±0.03；50±0.03；A；⊥0.03 A；B；56±0.03；10；5
2	外尺寸的测量	使用游标卡尺外卡爪测量零件 56，25，50，10 四个外部尺寸	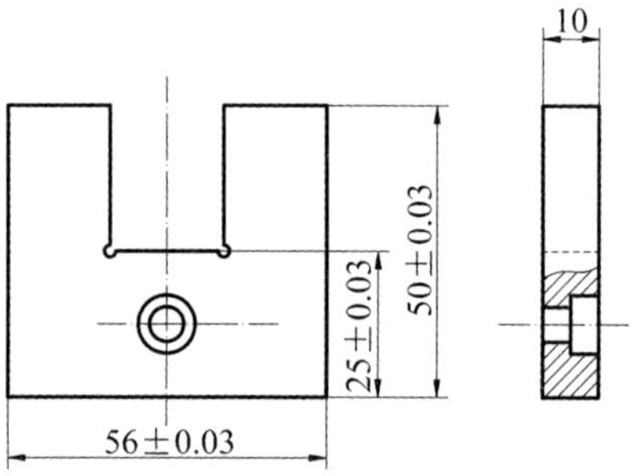 10；50±0.03；25±0.03；56±0.03
3	内尺寸的测量	使用游标卡尺内卡爪测量零件中 20、Φ10、Φ6 零件的三个内尺寸	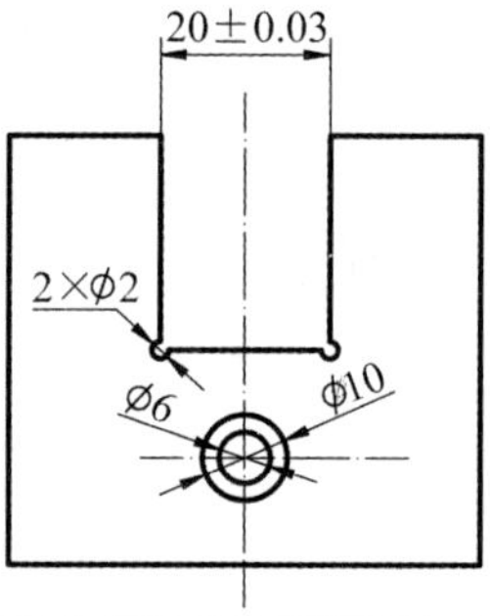 20±0.03；2×Φ2；Φ6；Φ10
4	深度的测量	使用游标卡尺测量零件中深度 5 的尺寸	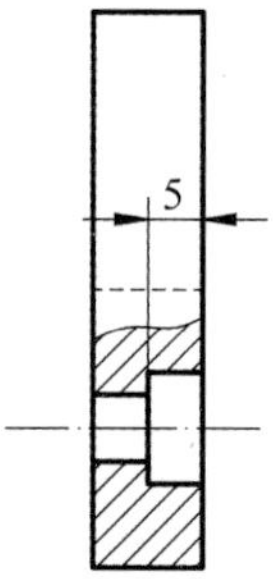 5

续表

序号	步骤	操作	图示
5	高度游标卡尺划线	基准确定：分别以梳排锯割毛坯零件左下角为原点，以其中一条 56 长边为水平基准 *A*，以另一条相垂直的 50 短竖起边为竖直基准 *B*	
		将水平基准所在边放置在画线平板上，将高标抬至 12.5、25，分别用高标在薄板毛坯上绘制出直线 将竖直基准所在边放置在画线平板上，将高标抬至 18、38，分别用高标在薄板毛坯上绘制出直线	
6	整理并清洁	完成加工后，正确放置零件，整理工、量具，清洁工作台	—

三、 注意事项

(1)测量前应擦净工件测量表面和游标卡尺的主尺、游标、测量爪；检查测量爪是否磨损。

(2)读数时，应使视线正对刻线。

(3)使用中注意清洁高度游标卡尺测量爪的测量面。

(4)使用完毕的游标卡尺应擦净上油，放入盒中保存。

专业对话

1. 简述工件和游标卡尺使用完毕后未擦净对测量结果的影响。

2. 读数时，为什么要使视线正对刻线？

3. 当测量零件的外尺寸时，卡尺歪斜对测量结果有什么影响？

任务评价

考核标准见表 1-2-7。

表 1-2-7 考核标准

<table>
<tr><th>序号</th><th>检测内容</th><th>检测项目</th><th>分值</th><th>检测量具</th><th>自测结果</th><th>得分</th><th>教师检测结果</th><th>得分</th></tr>
<tr><td>1</td><td rowspan="8">客观评分 A（主要尺寸）</td><td>56±0.03</td><td>10</td><td></td><td></td><td></td><td></td><td></td></tr>
<tr><td>2</td><td>50±0.03</td><td>10</td><td></td><td></td><td></td><td></td><td></td></tr>
<tr><td>3</td><td>25±0.03</td><td>10</td><td></td><td></td><td></td><td></td><td></td></tr>
<tr><td>4</td><td>20±0.03</td><td>10</td><td></td><td></td><td></td><td></td><td></td></tr>
<tr><td>5</td><td>10</td><td>10</td><td></td><td></td><td></td><td></td><td></td></tr>
<tr><td>6</td><td>ϕ10</td><td>10</td><td></td><td></td><td></td><td></td><td></td></tr>
<tr><td>7</td><td>ϕ6</td><td>10</td><td></td><td></td><td></td><td></td><td></td></tr>
<tr><td>8</td><td>5</td><td>10</td><td></td><td></td><td></td><td></td><td></td></tr>
<tr><td>9</td><td rowspan="4">主观评分 B（设备及工、量、刃具的维修使用）</td><td>工、量、刀具的合理使用与保养</td><td>10</td><td></td><td></td><td></td><td></td><td></td></tr>
<tr><td>10</td><td>游标卡尺的正确使用</td><td>10</td><td></td><td></td><td></td><td></td><td></td></tr>
<tr><td>11</td><td>高度游标卡尺的正确使用</td><td>10</td><td></td><td></td><td></td><td></td><td></td></tr>
<tr><td>12</td><td>量具的正确保养</td><td>10</td><td></td><td></td><td></td><td></td><td></td></tr>
<tr><td>13</td><td rowspan="2">主观评分 B（安全文明生产）</td><td>执行正确的安全操作规程</td><td>10</td><td></td><td></td><td></td><td></td><td></td></tr>
<tr><td>14</td><td>正确“两穿两戴”</td><td>10</td><td></td><td></td><td></td><td></td><td></td></tr>
<tr><td>15</td><td colspan="2">客观 A 总分</td><td colspan="2">80</td><td colspan="2">客观 A 实际得分</td><td colspan="2"></td></tr>
<tr><td>16</td><td colspan="2">主观 B 总分</td><td colspan="2">60</td><td colspan="2">主观 B 实际得分</td><td colspan="2"></td></tr>
<tr><td>17</td><td colspan="2">总体得分率 AB</td><td colspan="2"></td><td colspan="2">评定等级</td><td colspan="2"></td></tr>
</table>

续表

序号	检测内容	检测项目	分值	检测量具	自测结果	得分	教师检测结果	得分
评分说明	1. 评分由客观评分 A 和主观评分 B 两部分组成，其中客观评分 A 占 85%，主观评分 B 占 15% 2. 客观评分 A 分值为 10 分、0 分，主观评分 B 分值为 10 分、9 分、7 分、5 分、3 分、0 分 3. 总体得分率 AB：(A 实际得分×85%＋B 实际得分×15%)/(A 总分×85%＋B 总分×15%)×100% 4. 评定等级：根据总体得分率 AB 评定，具体为 AB≥92%＝1，AB≥81%＝2，AB≥67%＝3，AB≥50%＝4，AB≥30%＝5，AB<30%＝6							

拓展活动

1. 用游标卡尺测量工件时，应先将尺框贴靠在工件的________上。

A. 一个平面　　B. 任意测量平面

C. 基准面　　D. 被测量面

2. 某尺寸的实际偏差为零，则其实际尺寸________。

A. 必定合格　　B. 为零件的真实尺寸

C. 等于基本尺寸　　D. 等于最小极限尺寸

3. 读零件图的一般步骤中，应该首先了解________中标题栏部分的内容。

A. 主视图　　B. 装配图　　C. 工件图　　D. 零件图

4. 端盖零件中，尺寸 ϕ72h11 中 h11 表示________。

A. 公差等级为 11 级的基准孔　　B. 公差等级为 11 级的基准轴

C. 基本偏差为 h11　　D. 公差为 h11

5. 用游标卡尺测量工件时，应先将尺框贴靠在工件的基准面上，然后________。

A. 移动游标　　B. 移动螺钉　　C. 紧固螺钉　　D. 读出读数

6. 对基本尺寸进行标准化是为了________。

A. 简化设计过程

B. 便于设计时的计算

C. 方便尺寸的测量

D. 简化定值刀具、量具、型材和零件尺寸的规格

任务三 钳工划线基本技能

任务目标

如图 1-3-1 所示，合理选用划线工具，正确使用划线工具，完成本次技能训练任务。

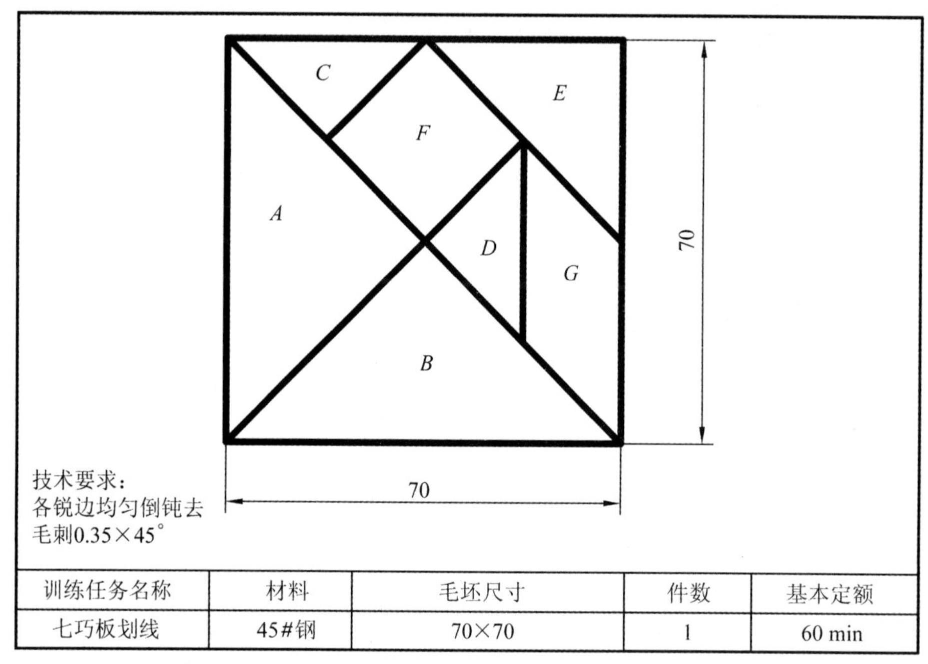

训练任务名称	材料	毛坯尺寸	件数	基本定额
七巧板划线	45#钢	70×70	1	60 min

图 1-3-1　七巧板划线

学习活动

一、 常用划线工具的使用及划线方法

1. 划线

划线的目的和作用在于根据图样的要求把工件上的各个加工要素正确地刻划在毛坯的各个方位上，检查毛坯各加工要素的加工余量是否适当，正确安排各加工要素的余量。尤其是加工箱、壳、机体之类的复杂零件，一般都由划线工划线后才能进行加工。

2. 划线的工具及其使用

(1)划针。划针由直径 3 mm～5 mm 的碳素工具钢或弹簧钢制成，长度为 200 mm

～300 mm，一头或两头磨成圆锥，末端要尖锐，并加以淬硬，也有在末端焊上一硬质合金块，经磨锐制成的。工厂中常用的划线针有普通划针、平划针、坐标划针和矮针座等(图 1-3-2)。它们的用途是沿着钢尺、角尺、样板或平板在工件上划线。使用时，必须保持划针的锐利，否则会影响线条的准确性，用钝了的划针可在油石或砂轮上磨锐。

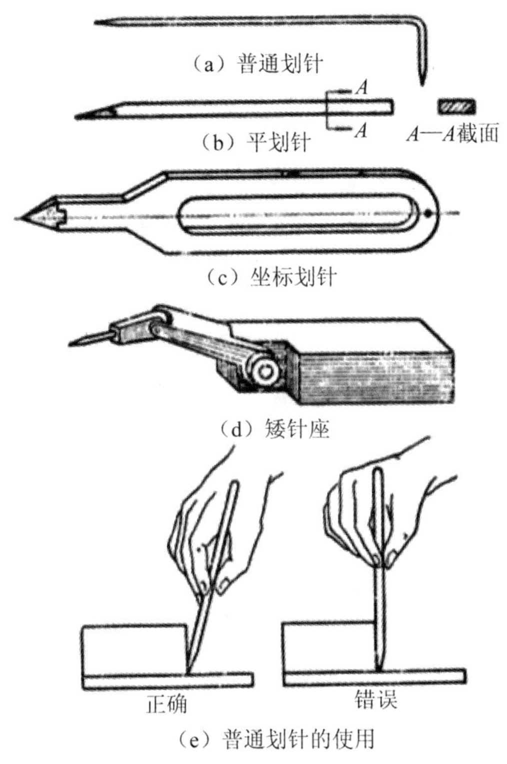

图 1-3-2　划针的种类和使用方法

划针很尖，使用时要小心，且千万不能插在胸袋中。不用时将塑料管套于针尖。

使用直线划针划线时，划针尖端的锥面应靠住直尺，运动时应沿直尺做平行直线运动，并注意手部不能摆动，否则会导致线段不直，划线准确度难以保证。

(2)样冲。用碳素工具钢经淬硬或用弹簧钢焊上一硬质合金片制成，角度一般为60°。工件在划线后，在新划的线条上用中心冲打出小而匀的冲眼，这样，可以避免加工过程中擦掉划好的线条，不会造成加工界限模糊。

打冲眼时，中心冲要垂直于工件的平面，锤击力的大小，应视工件的情况而定(图 1-3-3)。一般来说，薄板要轻，粗糙的表面要重；同一工件的平面上所使用的锤击力应均匀，使打出的孔大小较接近。

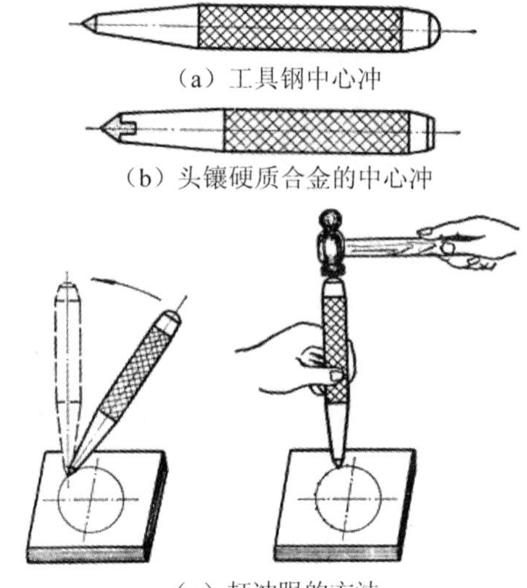
(a) 工具钢中心冲
(b) 头镶硬质合金的中心冲
(c) 打冲眼的方法

图 1-3-3　样冲及其使用方法

(3)划规。划规可用工具钢制成，规脚的尖端经淬硬后磨锐；也可用低碳钢制作，并在两规脚尖端用少许硼砂与铜在气焊枪下钎焊上一硬质合金片经磨锐后制成。制作划规时要注意使它的两脚等长，两脚尖端要锐利，并在一起的时候只成为一点，当把两脚分开或靠拢时，应开合均匀而没有或松或紧的感觉。

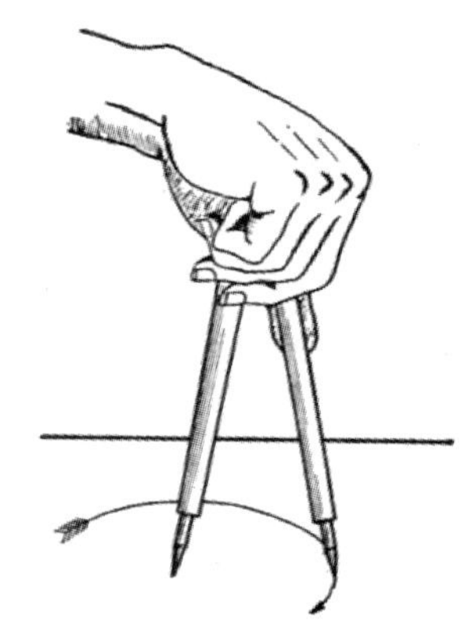

图 1-3-4　划规的握持法

使用划规划线时，掌心用力压紧旋转中心的规脚，拇指与食指挟紧，另一规脚作跟圆心的旋转移动(图 1-3-4)。划线时应该注意：划规两脚所夹的角不宜大于 120°，以免影响划线的质量。

(4)划线平板。划线平板(划线台)用铸铁铸造并经过精加工而成，它光整的平面就是划线工作的基准面，因此平板要安装成水平，并要经常保持清洁，不要在它的平面上锤击，以保持平板的准确性，如图 1-3-5 所示。

图 1-3-5　划线平台

(5)划线盘(座)。根据图样上的尺寸，通过调整划针的高度而在工件上划出平行于平板的线条，如图 1-3-6 所示。

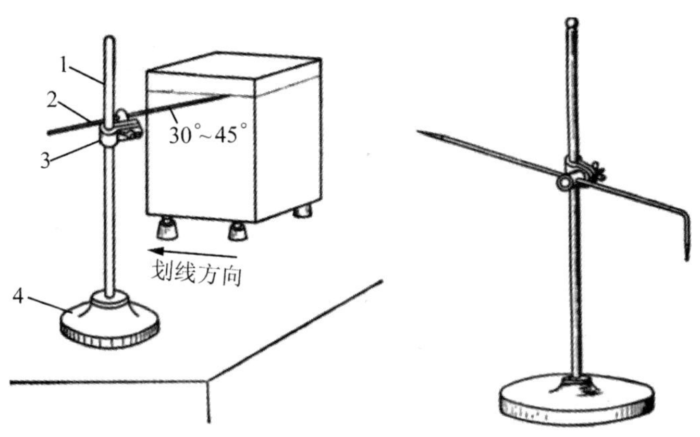

图 1-3-6　划线盘及其使用

1—支杆　2—划针　3—划针夹头　4—底座

使用划线盘划线时，划针和工件要成一定的角度(30°～45°)。用微力压在划线盘上，在平行的状态下顺着划线方向拖过去，操作时，注意手部离开平板，划线也不宜伸出过长，否则，由于划线针的刚性差，将影响划线的质量。

3. 直角尺

直角尺由尺座和尺苗两部分组成，其长度比例多为 1∶2.5。使用时，应用直角尺的狭边，并使它与工件的平面成平行或垂直的位置(图 1-3-7)。

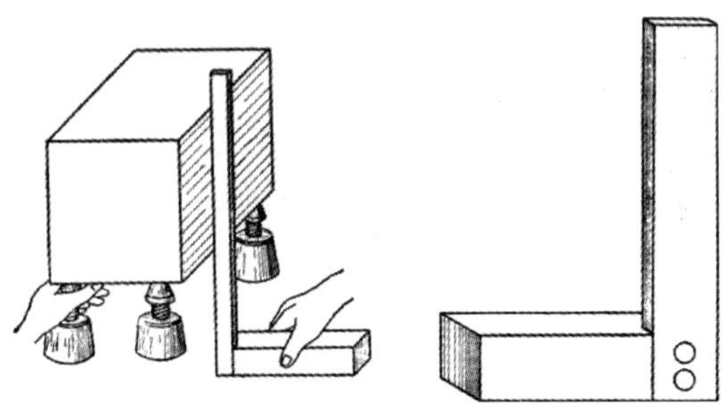

图 1-3-7　直角尺及其使用

4. 高度尺

高度尺是以一量尺固定在尺座上的一种划线工具。在工厂中通常是把一直钢尺用铁夹夹在一直角尺上作为高度尺使用的(图 1-3-8)。直钢尺的长度，可按工件的大小配置，但必须要使它的工作面与直角尺底座平面成垂直的关系。划较精密的工件时，可使用游标高度尺作为划线工具。

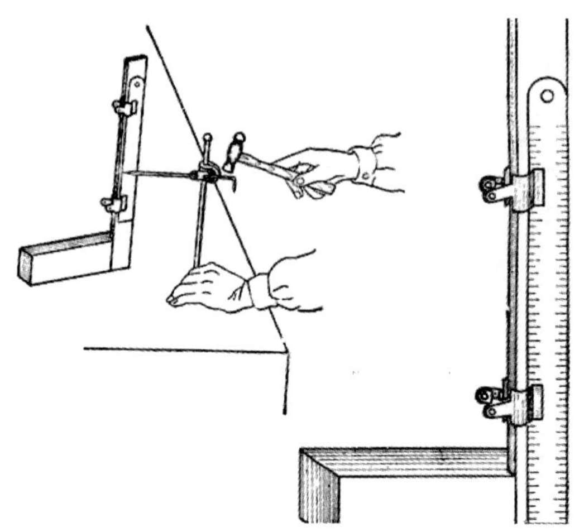

图 1-3-8 高度尺及其使用

二、 划线基准的选择

工件划线时，首先要选定一个或几个平面、直线或点来作为划线的标准，这个标准就是划线的基准。

工件划线时，如何选择基准呢？总的来说，应视工件的形状和要求而定。通常在图样上所有的尺寸都是以加工工件的中线作为基准，因此，划线时就应从这条线开始进行；也有的不是以加工件的中线作为基准的，可根据下面几种不同的情况选定。

(1)以两个互成直角的基准边(或基准面)作基准，如图 1-3-9 所示。划线前先把工件这两个基准边加工平并互成直角，然后需要划线的一切尺寸都以这两个基准边作基准，以便准确地划出其他的线条，立体划线要以基准边的平面作基准。

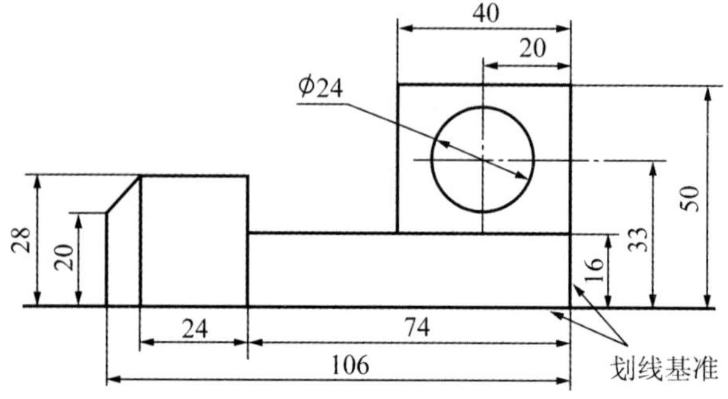

图 1-3-9 以两基准边为基准

(2)以一个基准边(或基准面)和一条中心线(或中央平面)作基准。划线前，首先把基准边加工平，其次把中心线划出，最后以基准边和中心线作基准，划出其他的线(图 1-3-10)。立体划线要以基准边的平面和中央平面作基准。

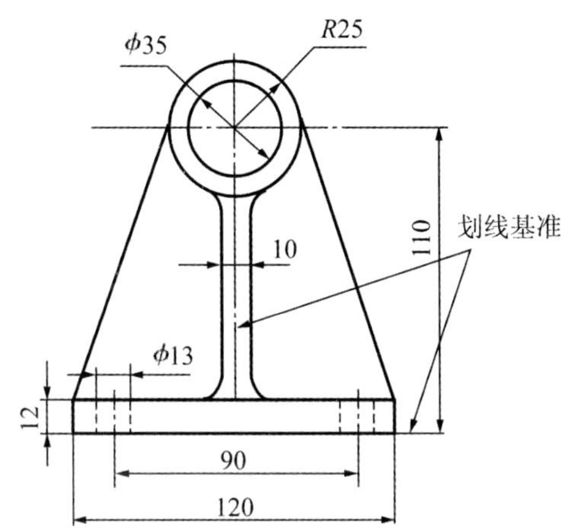

图 1-3-10　以一个基准边和一条中心线为基准

(3)以两条中心线作基准。划线前，先在平板上找出工件相对的两个位置，并划出两条中心线，然后根据两条中心线划出其他的线段(图 1-3-11)。立体划线要以两个中央平面作基准。

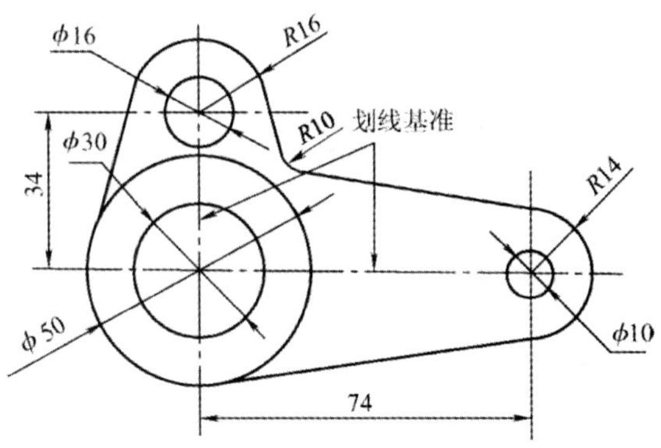

图 1-3-11　以两条中心线作基准

三、 划线方法

(1)划直线。应先以工件端面为基准用钢直尺分别确定出直线两端的尺寸位置并用划针划出一小段线段，然后将两端的小线段用直角尺或钢直尺连接成一条直线，如图 1-3-12 所示。

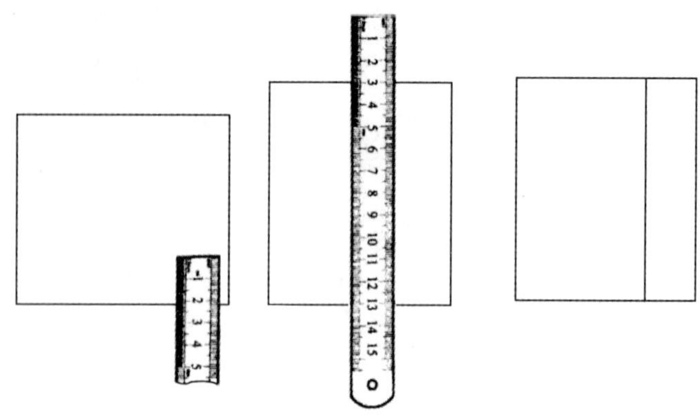

图 1-3-12　直线的划法

(2)划垂直线。在没有基准面的工件上划垂直线，可以用直角尺、钢尺和划规来划，也可以把工件固定在方箱上用划线盘划出垂直线，有基准面的工件，可以用靠边直角尺划垂直线，如图 1-3-13 所示。

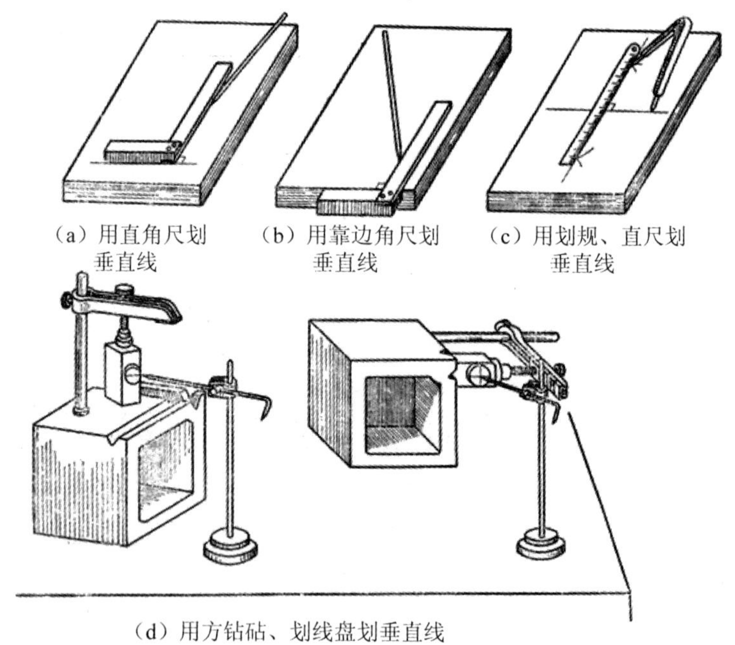

(a) 用直角尺划垂直线　(b) 用靠边角尺划垂直线　(c) 用划规、直尺划垂直线

(d) 用方钻砧、划线盘划垂直线

图 1-3-13　画垂直线的方法

(3)划平行线。在仅有一个或两个基准面的工件上划平行线，可以用靠边直角尺来划，其间距可用钢尺测定，如图 1-3-14(a)所示，如果将划线盘或矮针座的划针调整到不同的高度，就可以在平板上划出工件的平行线，如图 1-3-14(b)所示。

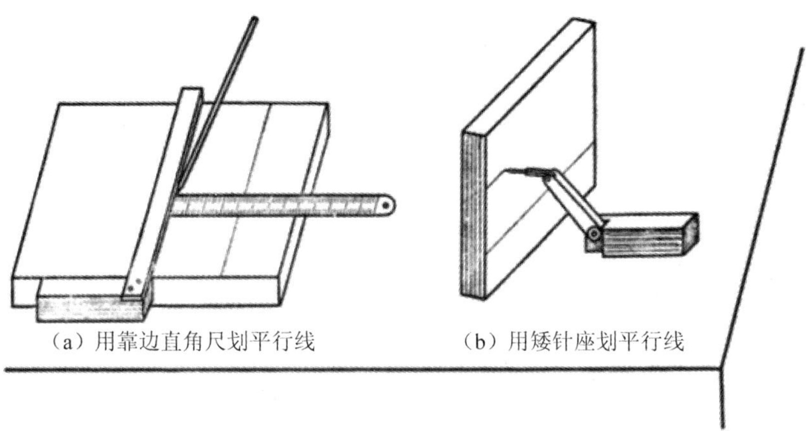
（a）用靠边直角尺划平行线　（b）用矮针座划平行线

图 1-3-14　划平行线

实践活动

一、实践条件

实践条件见表 1-3-1。

表 1-3-1　实践条件

类别	名称
工具	划线平板、皮锤、硬木块、铁锤、划针、钢直尺
量具	钢直尺、游标卡尺、高度尺
其他	划线平板、靠铁、V 铁等

二、实践步骤

七巧板划线的实践步骤见表 1-3-2。

表 1-3-2　七巧板划线的实践步骤

序号	步骤	操作	图示
1	实践准备	安全教育，分析图样	C E F A D G B 70 70

续表

序号	步骤	操作	图示
2	基准确定	分别以 B 封闭区域最长线为竖直基准，而 E、G 区域的下端相连线为水平基准	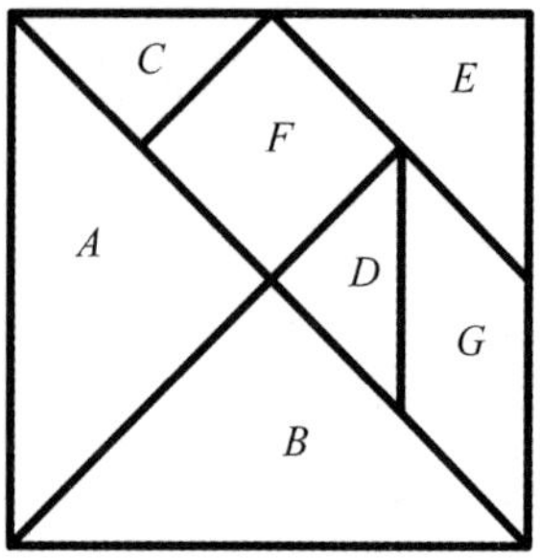 A B C D E F G
3	划线操作	使用划针和钢直尺绘制出区域内左上方向对角线	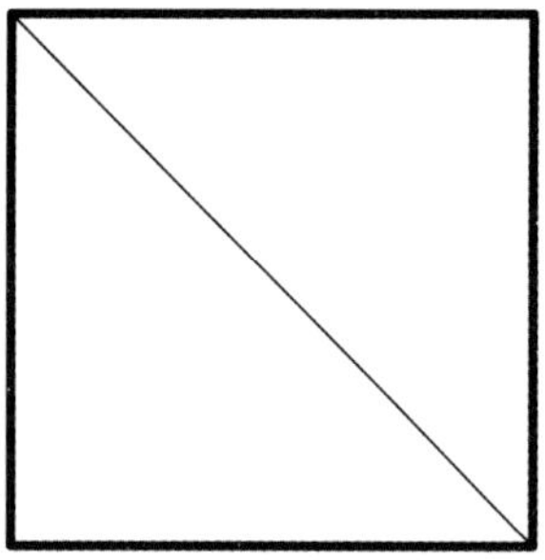
		将整块待划线区域放置于划线平板上，其中水平基准面紧贴划线平板，将毛坯的一处最大面紧挨靠铁，将划线高标调高至 35 mm 高度，绘制出 E 区域右上角端点，将毛坯翻逆时针旋转 90°并紧挨靠铁，用高标绘制出 E 区域另一处端点线	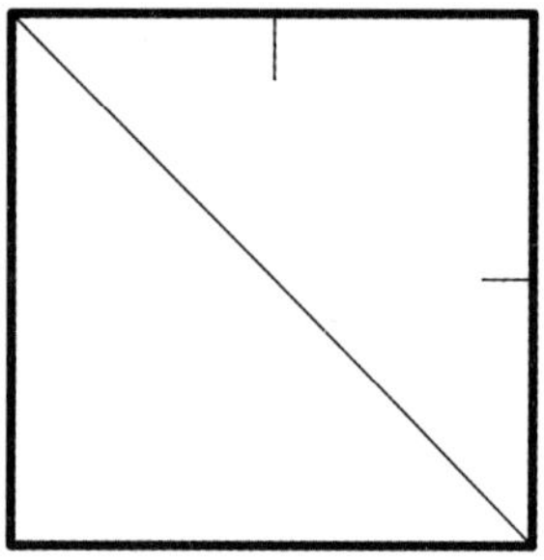
		将高标设置为 17.5 mm 高度，绘制 D 区域与 B 区域相交线的下端点	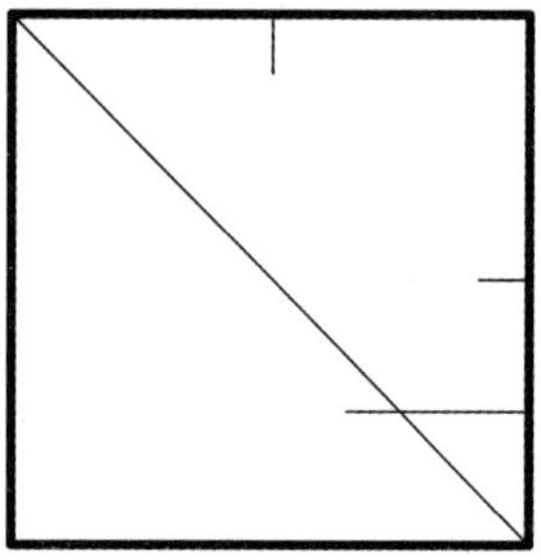

续表

序号	步骤	操作	图示
3	划线操作	将高标设置为 52.5 mm 的高度，绘制 E 区域斜边线的中点和 C、A 交界区域线的下端点	
		将之前利用高标绘制出的端点线，使用划针和钢直尺，分别连接 E 区域的最大斜边线、D/G 区域的共同边界线、C/F 区域的共同边界线、E 区域斜边中点与 A/B 区域左角端点相连线，完成七巧板内所有线的划制	
4	整理并清洁	完成加工后，正确放置零件，整理工、量具，清洁工作台	—

三、 注意事项

(1)检查划针和划规外观，分析有无缺陷，并视工具状态决定是否需要进行修磨或更换。

(2)按照零件图的要求进行划线操作。

(3)检测与判断。

专业对话

1. 划线基准如何确定？

2. 换线工具如何选择？

3. 划线结束后，如何正确对画线工具进行保养？

任务评价

考核标准见表 1-3-3。

表 1-3-3 考核标准

<table>
<tr><th>序号</th><th>检测内容</th><th>检测项目</th><th>分值</th><th>检测量具</th><th>自测结果</th><th>得分</th><th>教师检测结果</th><th>得分</th></tr>
<tr><td>1</td><td rowspan="7">客观评分 A（主要尺寸）</td><td>划线区域 $A\pm1$</td><td>10</td><td></td><td></td><td></td><td></td><td></td></tr>
<tr><td>2</td><td>划线区域 $B\pm1$</td><td>10</td><td></td><td></td><td></td><td></td><td></td></tr>
<tr><td>3</td><td>划线区域 $C\pm1$</td><td>10</td><td></td><td></td><td></td><td></td><td></td></tr>
<tr><td>4</td><td>划线区域 $D\pm1$</td><td>10</td><td></td><td></td><td></td><td></td><td></td></tr>
<tr><td>5</td><td>划线区域 $E\pm1$</td><td>10</td><td></td><td></td><td></td><td></td><td></td></tr>
<tr><td>6</td><td>划线区域 $F\pm1$</td><td>10</td><td></td><td></td><td></td><td></td><td></td></tr>
<tr><td>7</td><td>划线区域 $G\pm1$</td><td>10</td><td></td><td></td><td></td><td></td><td></td></tr>
<tr><td>8</td><td>客观评分 A（几何公差与表面质量）</td><td>外观无划痕/破损</td><td>10</td><td></td><td></td><td></td><td></td><td></td></tr>
<tr><td>9</td><td>主观评分 B（设备及工、量、刃具的维修使用）</td><td>工、量、刃具的合理使用与保养</td><td>10</td><td></td><td></td><td></td><td></td><td></td></tr>
<tr><td>10</td><td rowspan="2">主观评分 B（安全文明生产）</td><td>执行正确的安全操作规程</td><td>10</td><td></td><td></td><td></td><td></td><td></td></tr>
<tr><td>11</td><td>正确“两穿两戴”</td><td>10</td><td></td><td></td><td></td><td></td><td></td></tr>
<tr><td>12</td><td colspan="2">客观 A 总分</td><td colspan="2">80</td><td colspan="2">客观 A 实际得分</td><td colspan="2"></td></tr>
<tr><td>13</td><td colspan="2">主观 B 总分</td><td colspan="2">30</td><td colspan="2">主观 B 实际得分</td><td colspan="2"></td></tr>
<tr><td>14</td><td colspan="2">总体得分率 AB</td><td colspan="2"></td><td colspan="2">评定等级</td><td colspan="2"></td></tr>
<tr><td>评分说明</td><td colspan="8">1. 评分由客观评分 A 和主观评分 B 两部分组成，其中客观评分 A 占 85%，主观评分 B 占 15%
2. 客观评分 A 分值为 10 分、0 分，主观评分 B 分值为 10 分、9 分、7 分、5 分、3 分、0 分
3. 总体得分率 AB：(A 实际得分×85%＋B 实际得分×15%)/(A 总分×85%＋B 总分×15%)×100%
4. 评定等级：根据总体得分率 AB 评定，具体为 AB≥92%＝1，AB≥81%＝2，AB≥67%＝3，AB≥50%＝4，AB≥30%＝5，AB<30%＝6</td></tr>
</table>

拓展活动

根据图样要求，选用划线工具，完成如图 1-3-15 所示的零件图的划线。

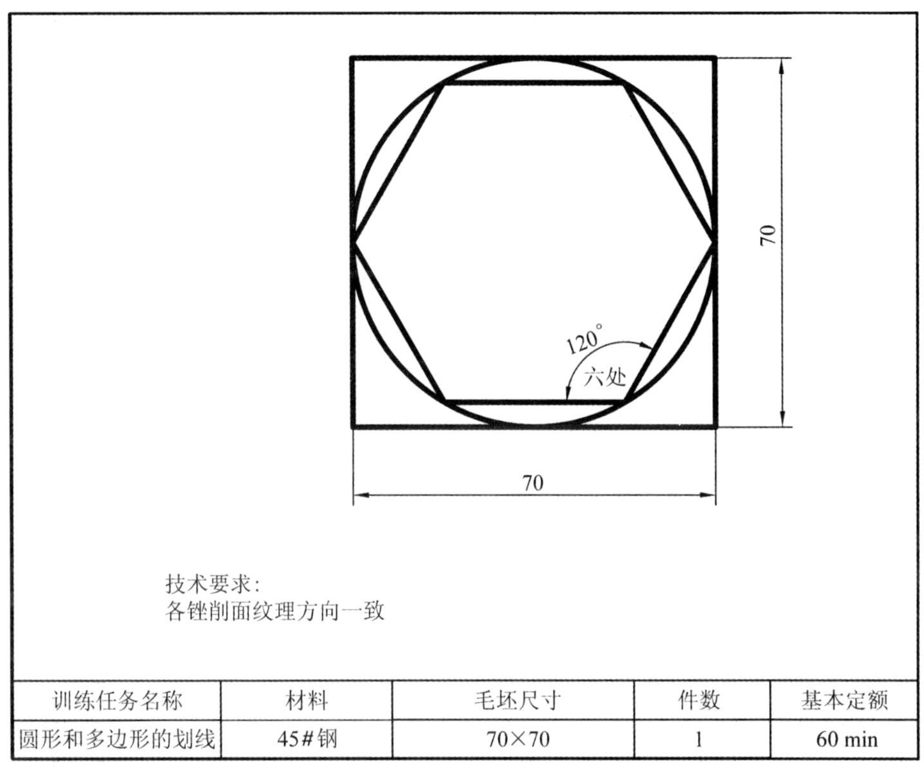

训练任务名称	材料	毛坯尺寸	件数	基本定额
圆形和多边形的划线	45#钢	70×70	1	60 min

图 1-3-15 圆形和多边形的划线

项目二
锁体的加工

项目导航

本项目任务中要求利用钳工技能先后完成梳排的锯削、阶梯件的锉削和孔加工，最终完成锁体的加工，并锻炼钳工技能。

学习要点

1. 掌握钳工中的锯削技能。
2. 掌握钳工中的锉削技能。
3. 掌握钳工孔加工的方法。

任务一 梳排的锯削

任务目标

根据图 2-1-1 要求，合理选用工、量具，并利用钳工技能完成零件加工。

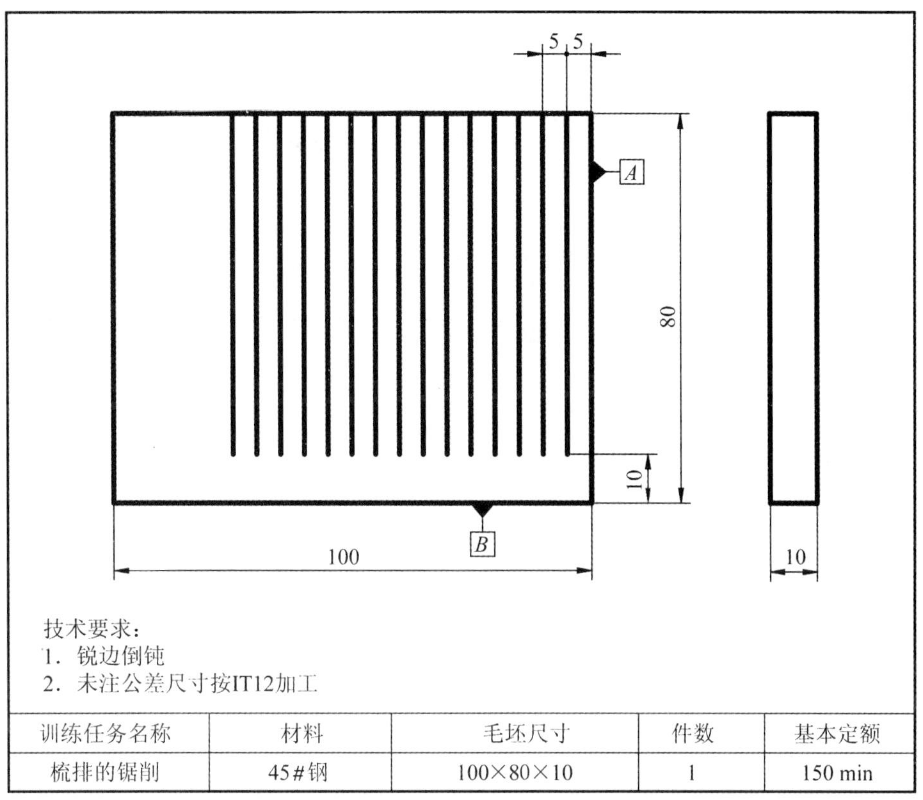

训练任务名称	材料	毛坯尺寸	件数	基本定额
梳排的锯削	45#钢	100×80×10	1	150 min

图 2-1-1　梳排的锯削

学习活动

一、 常用锯削工具及其基本操作

(一)手锯

手锯是由锯弓和锯条组成，如图 2-1-2 所示。

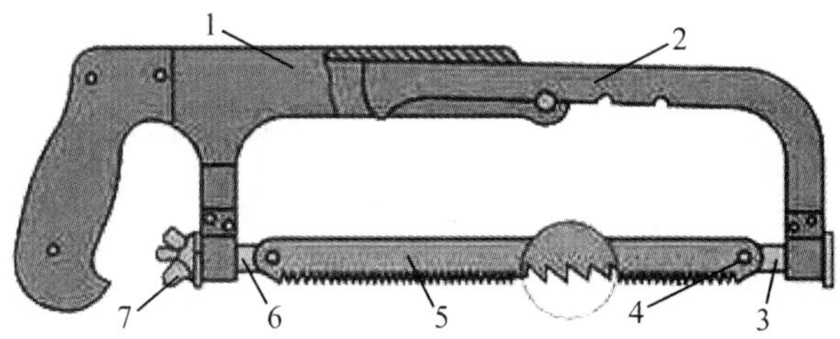

图 2-1-2　可调式锯弓

1—固定部分　2—可调部分　3—固定拉杆　4—销子　5—锯条　6—活动拉杆　7—蝶形螺母

1. 锯弓

锯弓的作用是用来装夹并张紧锯条。有活动式(可调式)和固定式两种，如图 2-1-3 所示。可调式锯弓通过调整可以安装几种不同长度的锯条，并且它的锯柄形状便于用力，目前被广泛应用。

（a）固定式　　（b）可调式

图 2-1-3　锯弓种类

2. 锯条

锯条由常用优质碳素工具钢 T10A 或 T12A 制成，经热处理后硬度可达 HRC60～64，与制造锉刀的材料一样。因此，平时在操作时，两者不要混放，更不要叠放，以免产生相对摩擦，造成相互损伤。另外，高速钢也用来制作锯条，具有更高的硬度、更好的韧性、更高的耐热性，但成本比普通锯条高出许多。

3. 锯条的规格

锯条的规格主要包括长度和齿距。

(1)长度是指锯条两端安装孔的中心距，一般有 100 mm、200 mm、300 mm 等几种，钳工实习常用的是 300 mm 长度规格的锯条。

(2)齿距是指两相邻齿对应点的距离。按照齿距大小，锯条可分为粗、中、细三种规格，如图 2-1-4 所示。齿距及其应用范围见表 2-1-1。

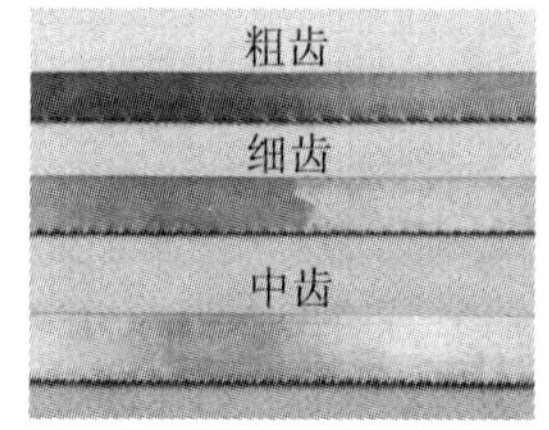

图 2-1-4　锯条的规格

表 2-1-1　齿距及其应用范围

齿锯粗细	每 25 mm 长度内齿数	应用范围
粗	14～18	锯切铜、铝等软材料
中	19～23	锯切普通钢、铸铁等中硬材料
细	24～32	锯切硬钢板及薄壁工件

4. 锯路

锯条的齿锯按一定规律左右错开排列成一定的形状，从而形成锯路。常见的锯路有波浪形和交叉形。锯路在锯削过程中十分重要，它的存在使锯条两侧面不与工件直接接触，减少了锯条与工件的摩擦，减少热量的产生，同时也有利于铁屑的排空。随着锯齿两侧的磨损，锯路会变得越来越窄，阻力也越来越大，锯齿也渐渐失去锋利，到一定程度时，锯条便丧失切削功能。

(二)锯削的基本操作

1. 锯条的安装要求

锯齿向前。手锯是在向前推进时进行切削的，在向后时不起切削作用，因此安装锯条时要保证齿尖的方向向前，如图 2-1-5 所示。

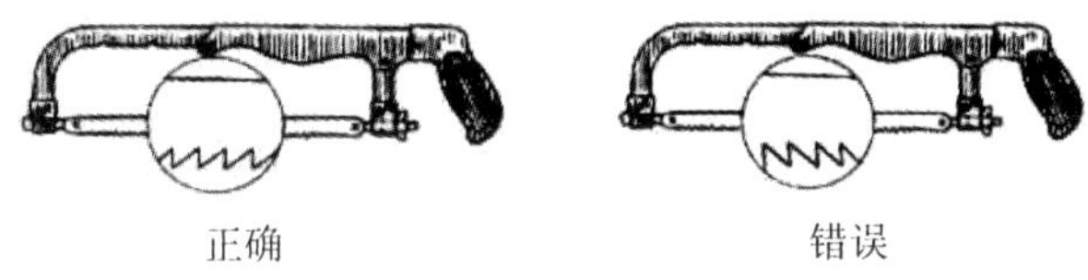

图 2-1-5　锯齿方向

锯条安装要松紧适当。一般松紧程度以两个手指的力旋紧为准。太紧锯条失去弹性，锯条容易崩断；太松会使锯条扭曲，锯缝歪斜，锯条也容易扭断。

在旋紧蝶形螺母后，锯条有些会扭曲，一般需要放松一些来消除扭曲现象。如何装好后的锯条应尽量与锯弓保持在同一中心面内，这样容易使锯缝正直。

2. 工件夹持

(1)工件尽量夹在台虎钳的左边。

(2)工件伸出台虎钳部分不应太长，应使锯缝离钳口约 20 mm。太长，工件在锯削时会产生颤动。

(3)锯缝隙线条要与钳口侧面保持平行(或与钳口垂直)，这样便于控制锯缝隙不偏离划线。

(4)工件要夹牢靠，避免将工件夹变形和夹坏已加工表面，如图 2-1-6 所示。

图 2-1-6　工件夹持

3. 站立位置

左脚与台虎钳中心线的夹角为30°，右脚与台虎钳中心线的夹角为75°，身体与台虎钳中心线的夹角为45°，如图 2-1-7 和图 2-1-8 所示。

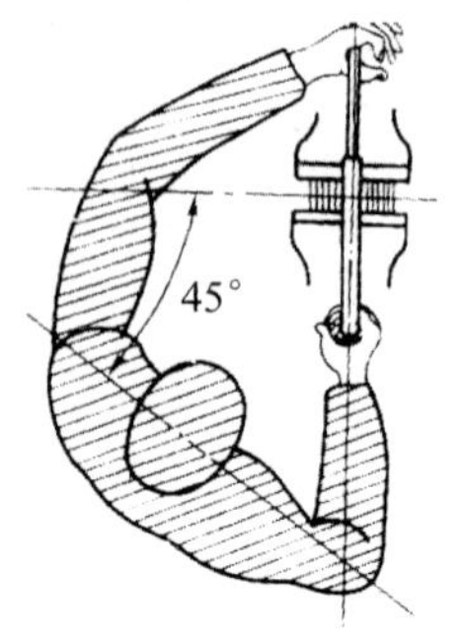

图 2-1-7 锯削时身体位置

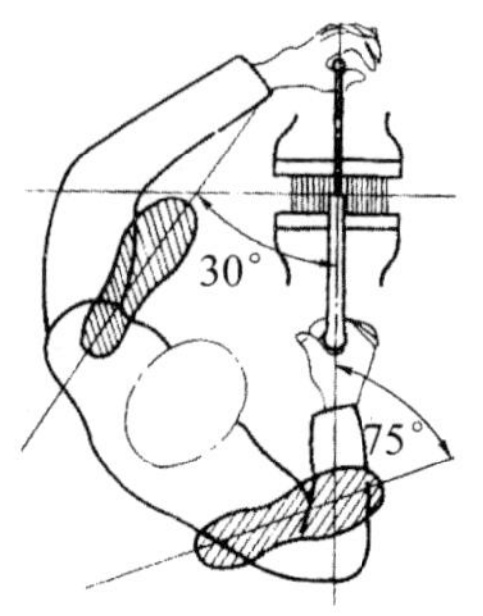

图 2-1-8 锯削步位

锯削时站立左脚向前半步，右脚稍微朝后，自然站立，重心偏于右脚，右脚要站稳伸直，左脚膝盖关节应稍微自然弯曲。

4. 锯弓的握法

右手满握锯弓手柄，大拇指压在食指上。左手大拇指在弓背上，其余四指扶在锯弓前端，如图 2-1-9 所示。

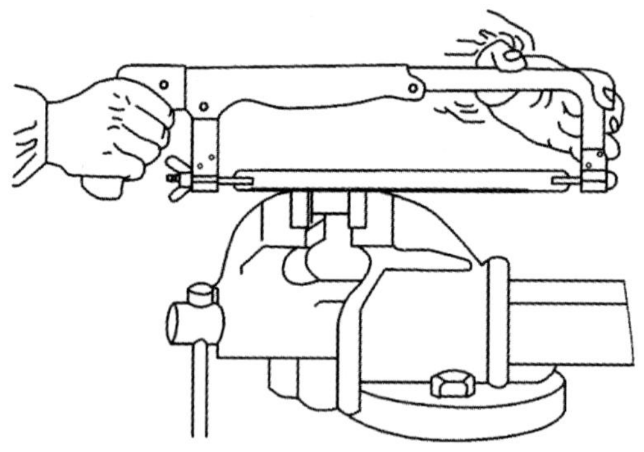

图 2-1-9 锯弓的握法

锯削时推力和压力主要由右手控制。左手所加压力不要太大，主要起扶正锯弓的作用。

5. 锯削姿势

锯弓的运动主要由右手掌握力的大小，左手协助扶持手锯，如图 2-1-10 所示。

(a)

(b)

(c)

(d)

图 2-1-10　锯削姿势

在推锯时身体略向前倾，自然压向锯弓，当推进大半行程时，身随手推锯弓准备回程。回程时，左手把锯弓略微抬起一些，让锯条在工件上轻轻滑过，待身体回到初始位置，再准备第二次的往复。

在整个锯削过程中，应保持锯缝平直。

6. 起锯

起锯是锯削工作的开始，其好坏能直接影响锯削的质量。

(1)分类。起锯方法有两种：远起锯和近起锯。

①远起锯。最常用的方法是从工件远离自己的一端起锯。其优点是能清晰地看见锯削线，防止锯齿卡在棱边而崩缺，如图 2-1-11 所示。

②近起锯。从工件靠近自己的一端起锯。此法若掌握不好，锯齿容易被工件的棱边卡住而崩裂，如图 2-1-12 所示。

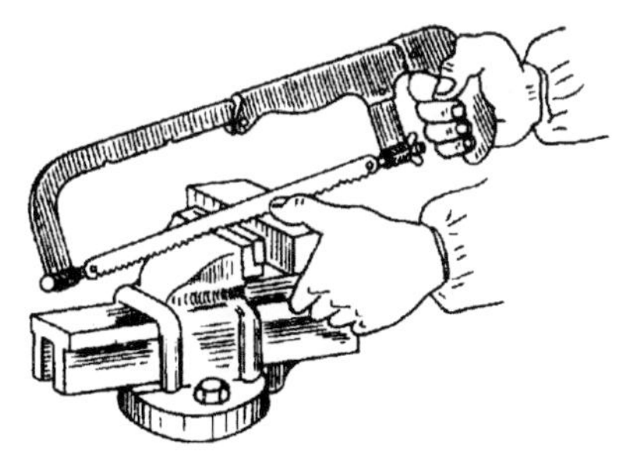
图 2-1-11　远起锯

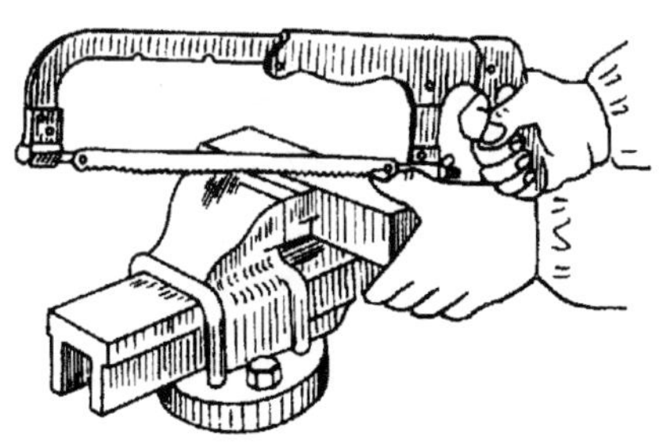
图 2-1-12　近起锯

(2)起锯要求。起锯角度都应在 15°左右。

(3)起锯方法。为能准确地切入所需要的位置，避免锯条在工件表面打滑，起锯时，要保持起锯角 $\alpha<15°$，如图 2-1-13 所示。

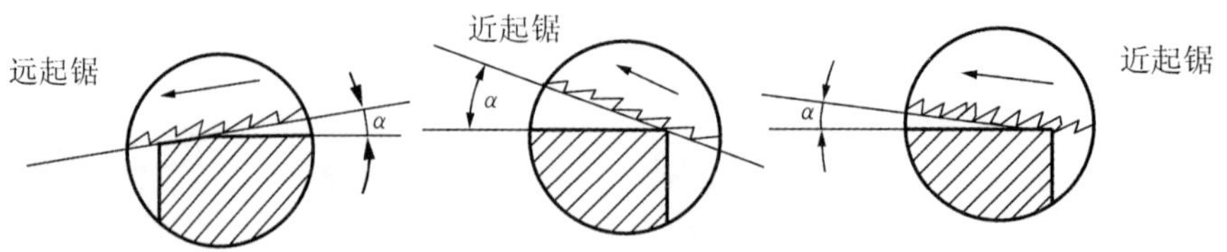

图 2-1-13 起锯方法

起锯时用左手的大姆指挡住锯条，往复行程要短，压力要轻，速度要慢。起锯好坏直接影响断面锯割质量。一般采用远起锯法，如图 2-1-14 所示。

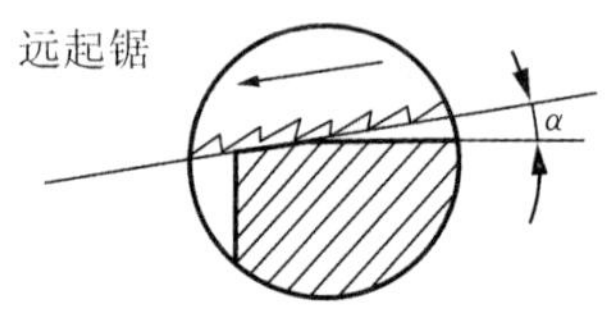

图 2-1-14 远起锯

7. 锯削运动方式

锯削时的运动方式有两种：一种是直线往复运动，适用于锯薄形工件和直槽；另一种是摆动式。这种操作方法，两手动作自然，不易疲劳，切削效率高。

8. 锯削压力

压力应根据所锯工件材料的性质来定，锯削硬材料时，压力应大些，压力太小，锯齿不易切入，可能打滑，并使锯齿钝化。

锯软材料时，压力应小些，压力太大会使锯齿切入过深而发生咬住现象。

手锯推出时为切削过程，应施加压力；手锯退回时全齿不参与切削，只需自然拉回，不施加压力，以免锯齿磨损。

9. 锯削速度

锯削速度以 30～40 次每分钟为宜，锯削软材料可快些，硬材料要慢一些，速度过快，锯条容易磨损，过慢则效率不高。

10. 锯削往复长度

锯削时应用锯条全长工作，或往复长度不小于锯条长度的 2/3 工作，以免锯条的中间部分迅速磨钝，应使切削工作平均分配到大部分锯齿，提高锯条的利用率。

(三)锯条常见损坏形式及原因

锯条常见损坏形式及原因见表 2-1-2。

表 2-1-2　锯条常见损坏形式及原因

序号	损坏形式	损坏原因
1	锯齿崩裂	起锯角太大或采用近起锯时用力过大
		锯削时突然加大压力，被工件棱边钩住锯齿面而崩裂
		锯削薄板料和薄壁管子时锯条选择不当
		锯削时突然碰到硬块杂质
2	锯条折断	锯条安装得过松或过紧
		工件装夹不牢固或装夹位置不正确，造成工件松动
		锯缝歪斜后强行纠正，使锯条扭断
		运行速度过快、压力太大或突然用力
		工件被锯断时没有减慢锯削速度和减小锯削力
3	锯缝歪斜	工件装夹时锯缝不垂直于水平面，发生偏斜
		锯条安装得过松或歪斜、扭曲
		锯削过程中压力过大，使锯条左右摆动
		锯削过程中未握正锯弓或用力过大使锯条背离锯缝中心平面

实践活动

一、实践条件

实践条件见表 2-1-3。

表 2-1-3　实践条件

类别	名称
工具	划线平板、高度尺、锯弓
量具	钢直尺、游标卡尺、高度尺
其他	垫片、台虎钳等

二、实践步骤

梳排锯削的加工步骤见表 2-1-4。

表 2-1-4 梳排锯削的实践步骤

序号	步骤	操作	图示
1	实践准备	安全教育，分析图样	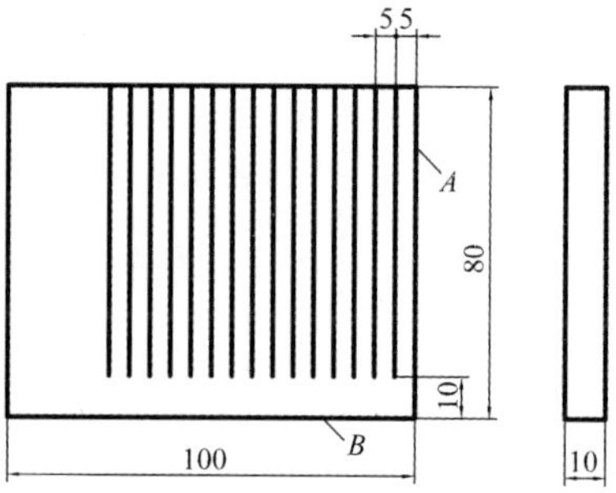
2	基准确定	分别以梳排锯削毛坯零件左下角为原点，以其中一条 80 短边为水平基准，以另一条相垂直的 100 长竖起边为竖直基准	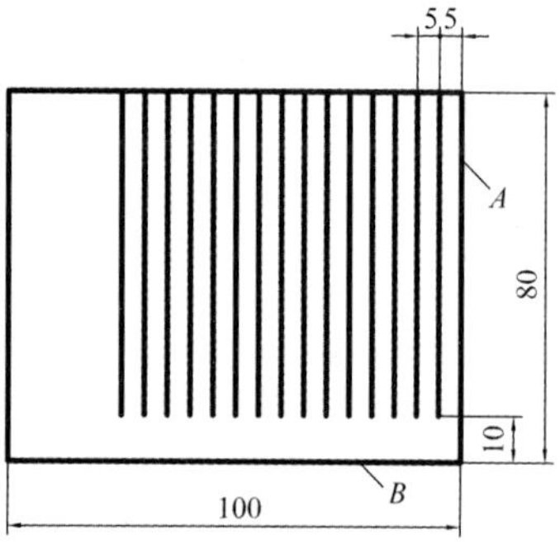
3	划线操作	将水平基准所在边放置在划线平板上，将高标抬至 5，10，15，20，25，30，35，40，45，50，55，60，65，70，75，分别用高标在薄板毛坯上绘制出直线	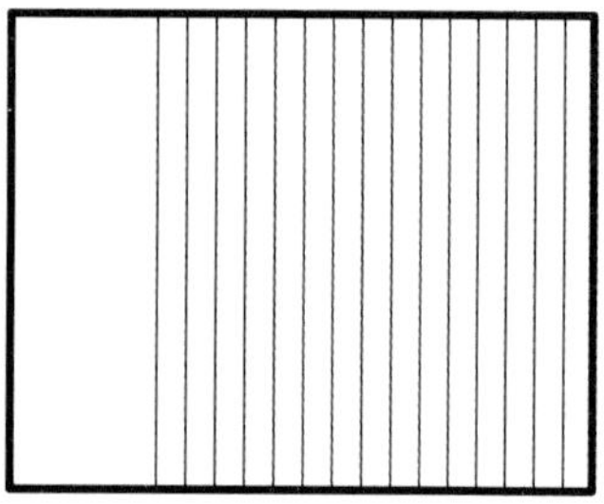
		将竖直基准所在边放置在划线平板上，将高标抬至 10，用高标在毛坯上绘制出直线	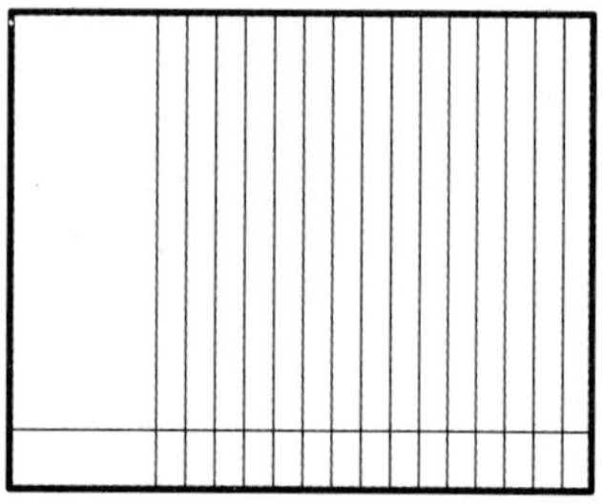

续表

序号	步骤	操作	图示
4	锯削操作	将毛坯料竖直装夹在台虎钳上，将锯条对准所绘制的水平基准线，并与之相平行，高度分别为 5，10，15，20，25，30，35，40，45，50，55，60，65，70，75 直线，每次锯削时，保证锯条一直接触到竖直基准 10 高度线时停止	
5	整理并清洁	完成加工后，正确放置零件，整理工、量具，清洁工作台	—

三、注意事项

（1）检查锯弓外观，分析有无缺陷，并视工具状态决定是否需要进行更换。

（2）选择正确的装夹方法。

（3）按照零件图的要求进行划线操作。

（4）沿所划直线进行锯削。

（5）检测与判断。

专业对话

1. 分析锯削时锯齿崩裂的原因。

2. 分析锯削时锯条折断的原因。

3. 分析锯削时锯缝歪斜的原因。

任务评价

考核标准见表 2-1-5。

表 2-1-5 考核标准

序号	检测内容	检测项目	分值	检测量具	自测结果	得分	教师检测结果	得分
1	客观评分 A（主要尺寸）	边距 5±2	10					
2		边距 10±2	10					
3		间距 5±2	10					
4		锯缝的质量	10					
5	客观评分 A（几何公差与表面质量）	外观无划痕/破损	10					
6	主观评分 B（设备及工、量、刃具的维修使用）	工、量、刃具的合理使用与保养	10					
7		锯削的正确操作	10					
8		锯条的安装	10					
9		站立的姿势	10					
10		锯削的速度	10					
11	主观评分 B（安全文明生产）	执行正确的安全操作规程	10					
12		正确“两穿两戴”	10					
13	客观 A 总分		50		客观 A 实际得分			
14	主观 B 总分		70		主观 B 实际得分			
15	总体得分率 AB				评定等级			
评分说明	1. 评分由客观评分 A 和主观评分 B 两部分组成，其中客观评分 A 占 85%，主观评分 B 占 15% 2. 客观评分 A 分值为 10 分、0 分，主观评分 B 分值为 10 分、9 分、7 分、5 分、3 分、0 分 3. 总体得分率 AB：(A 实际得分×85%+B 实际得分×15%)/(A 总分×85%+B 总分×15%)×100% 4. 评定等级：根据总体得分率 AB 评定，具体为 AB≥92%=1，AB≥81%=2，AB≥67%=3，AB≥50%=4，AB≥30%=5，AB<30%=6							

拓展活动

根据图样要求，合理选用工、量具，利用钳工技能请按照以下任务零件图的要求完成如图 2-1-15 所示的零件加工。

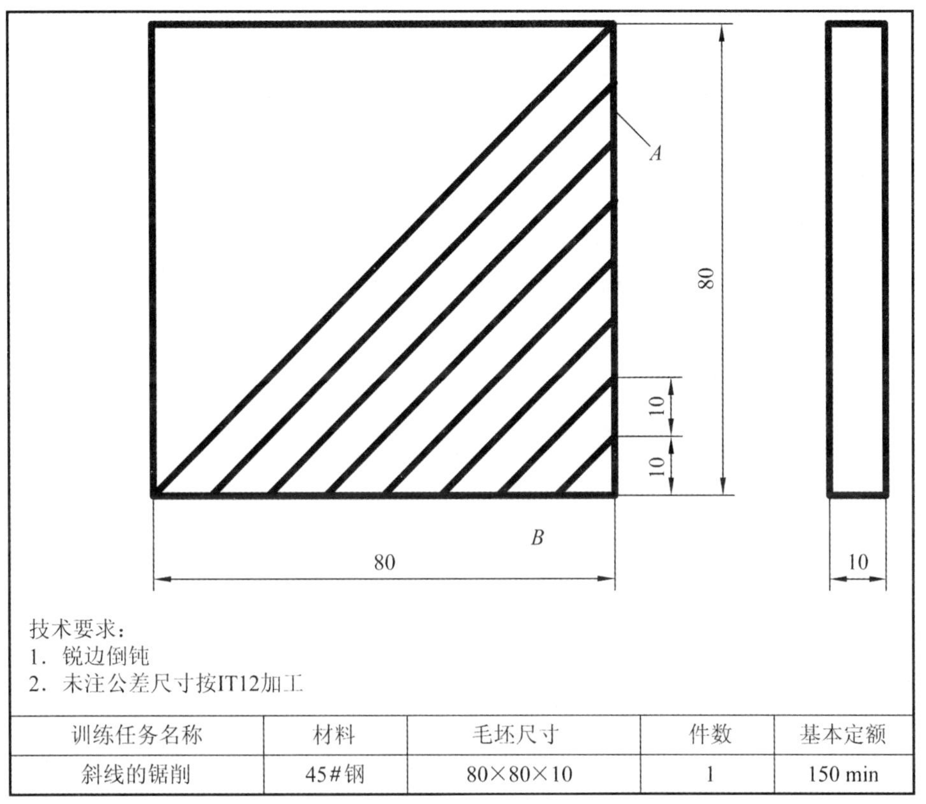

训练任务名称	材料	毛坯尺寸	件数	基本定额
斜线的锯削	45#钢	80×80×10	1	150 min

图 2-1-15　斜线的锯削

任务二　阶梯件的锉削

任务目标

根据图样要求，合理选用工、量具，利用钳工技能请按照以下任务零件图的要求完成如图 2-2-1 所示的零件加工。

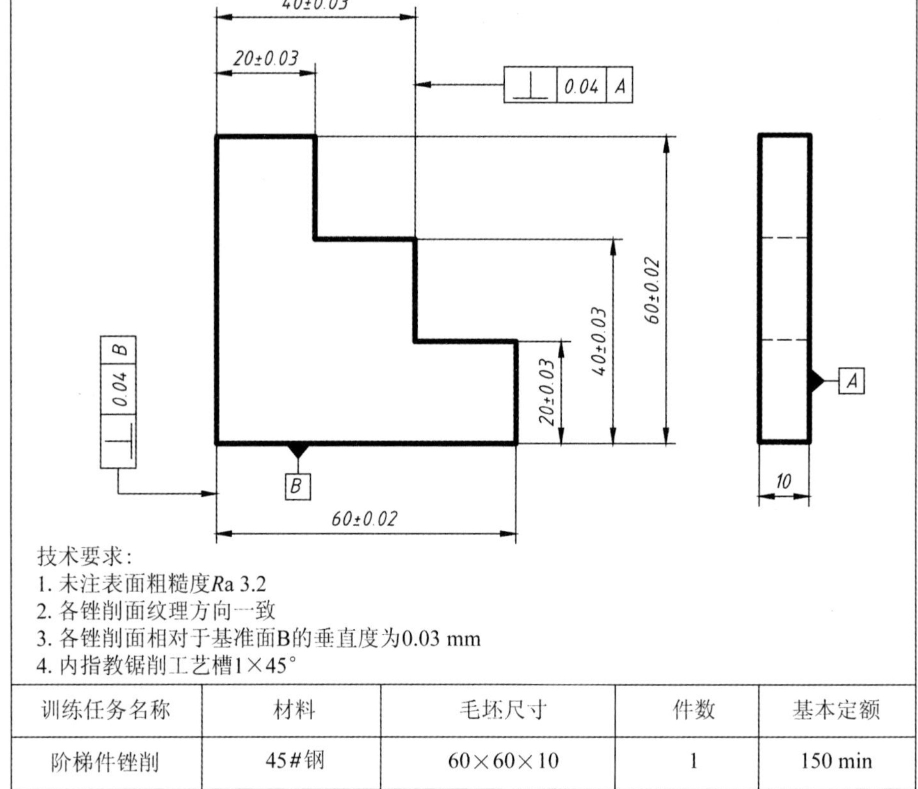

技术要求:
1. 未注表面粗糙度Ra 3.2
2. 各锉削面纹理方向一致
3. 各锉削面相对于基准面B的垂直度为0.03 mm
4. 内指教锯削工艺槽1×45°

训练任务名称	材料	毛坯尺寸	件数	基本定额
阶梯件锉削	45#钢	60×60×10	1	150 min

图 2-2-1 阶梯件锉削

学习活动

一、 锉削及其应用

锉削是钳工的一项重要的基本操作。锉削的应用范围是既可以锉削工件的外表面，也可以锉削内孔、沟槽、曲面和各种形状复杂的表面。除此之外，还有一些不方便机械加工的，也需要锉削来完成。例如，在装配过程中，对个别零件的修整、修理等工作，都是用锉削加工的方法来完成的。

二、 锉削工具

(一)锉刀的构造

锉刀由锉身和锉柄两部分组成，如图 2-2-2 所示。锉刀面是锉削的主要工作面，一般在锉刀面的前端做成凸弧形，便于锉削工件平面的局部。锉刀边是指锉刀的两侧面，有的其中一边有齿，另一边无齿(称为光边)，这样在锉削内直角工件时，可保护另一相邻的面。锉刀舌用来装锉刀柄。

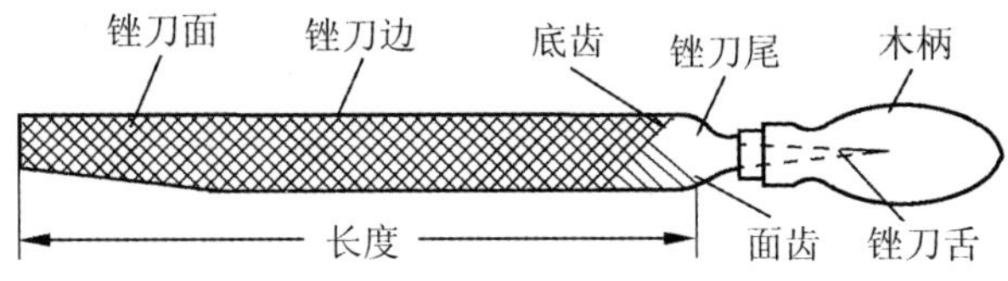

图 2-2-2　锉刀构造

锉刀的齿纹分单齿纹和双齿纹两种，如图 2-2-3 所示。一般锉刀边做成单齿纹，锉刀面做成双齿纹，底齿角为 45°，面齿角为 65°。

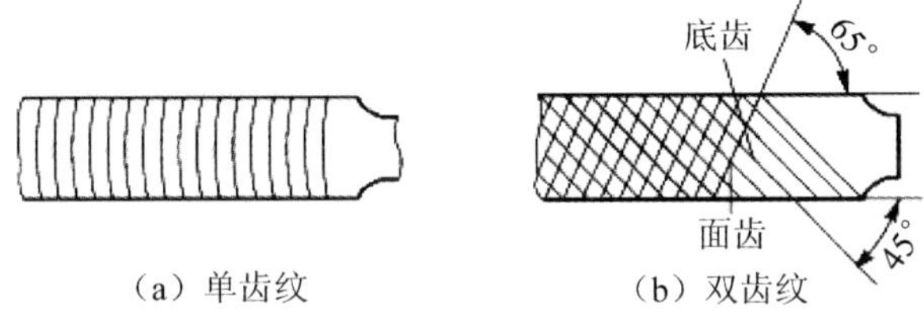

图 2-2-3　锉刀齿纹

(二)锉刀的种类

锉刀按用途的不同可分为普通锉刀、异形特种锉刀和整形什锦锉刀 3 种。

普通锉刀按其断面形状分为平锉(板锉)、半圆锉、方锉、三角锉和圆锉 5 种，如图 2-2-4 所示。

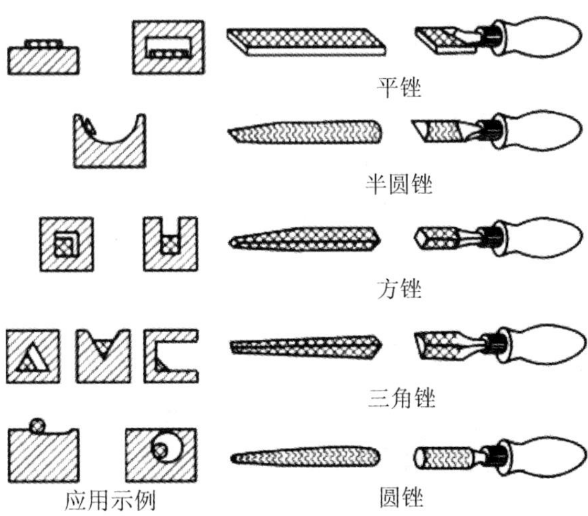

图 2-2-4　普通锉刀适宜加工的表面

异形锉刀用来加工工件特殊表面，有刀口锉、菱形锉、扁三角锉、椭圆锉、圆肚锉等几种，如图 2-2-5 所示。

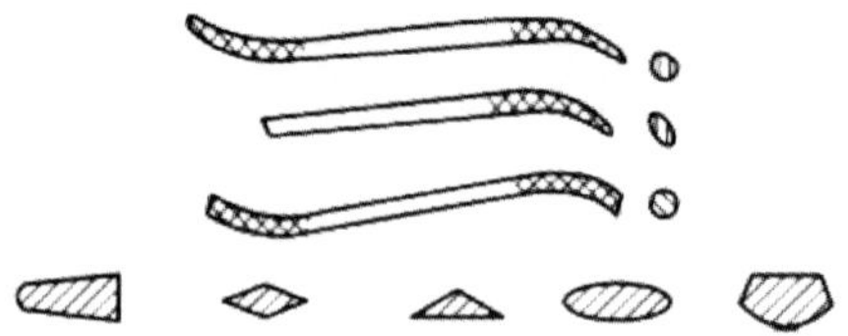

图 2-2-5 异形锉刀

整形锉刀又叫什锦锉或组锉，因分组配备各种断面形状的小锉而得名，主要用于修整工件上的细小部分，如图 2-2-6 所示。

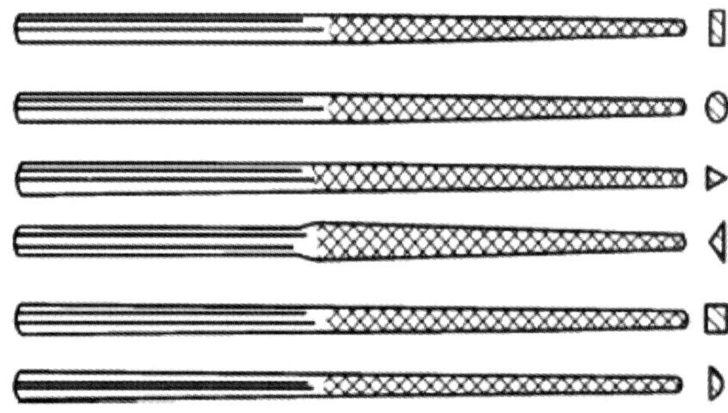

图 2-2-6 整形锉刀

(三)锉刀的规格

锉刀的规格主要是指锉刀的大小和粗细。普通锉刀的尺寸规格用锉身的长度表示(方锉用端面边长表示，圆锉用端面直径表示)；特种锉刀的尺寸规格用锉刀的长度表示；整形锉刀用每套的支数表示。锉齿的粗细规格，依照国标 GB5805—86 规定，以锉刀每 10 mm 轴向长度内的主要锉纹条数来表示，通常也可用 1～5 号锉齿表示。

(四)锉刀的选用

每种锉刀都有一定的功能，如选择不合理，非但不能充分发挥它的功能，还会直接影响锉削的质量。选择锉刀主要依据以下两个原则。

(1)根据被锉削工件表面形状选用，如图 2-2-7 所示。

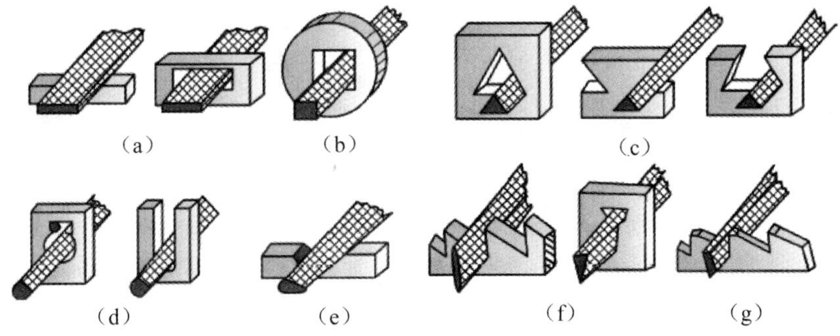

图 2-2-7 不同锉刀的加工表面

(2)根据工件材料的性质、加工余量的大小、加工精度、表面粗糙度要求选择合适的锉刀。

按锉刀齿纹的齿距大小来表示，齿纹粗细等级分为五种，具体见表 2-2-1。

表 2-2-1 齿距和齿条

分类	齿距	加工余量
粗齿锉刀	2.3 mm～0.83 mm	0.5 mm～1.0 mm
中齿锉刀	0.77 mm～0.42 mm	0.2 mm～0.5 mm
细齿锉刀	0.33 mm～0.25 mm	0.1 mm～0.2 mm
粗油光锉刀	0.25 mm～0.2 mm	0.05 mm～0.1 mm
细油光锉刀	0.2 mm～0.16 mm	0.02 mm～0.05 mm

(五)锉刀的握法

锉刀的正确握法是保证锉削姿势自然协调的前提。图 2-2-8 是 250 mm 锉刀的基本握法，初学者必须熟练掌握。其方法是右手紧握锉刀柄，柄端抵住手掌心，大拇指放在锉刀柄上部，其余手指由下而上地握着锉刀柄；左手的基本握法是拇指自然屈伸，其余四指弯向手心，与手掌共同把持锉刀前端。

(六)锉削的姿势

正确的锉削姿势能够减轻疲劳，提高锉削质量和效率。锉削姿势与锉刀的大小有关。锉削时站立要自然，左手、锉刀、右手所形成的水平直线称为锉削轴线。右脚掌心在锉削轴线上，右脚掌长度方向与轴线成 75°；左脚略在台虎钳前左下方，与轴线成 30°；两脚跟之间的距离因人而异，通常为操作者的肩宽；身体平面与轴线成 45°，如图 2-2-9 所示。

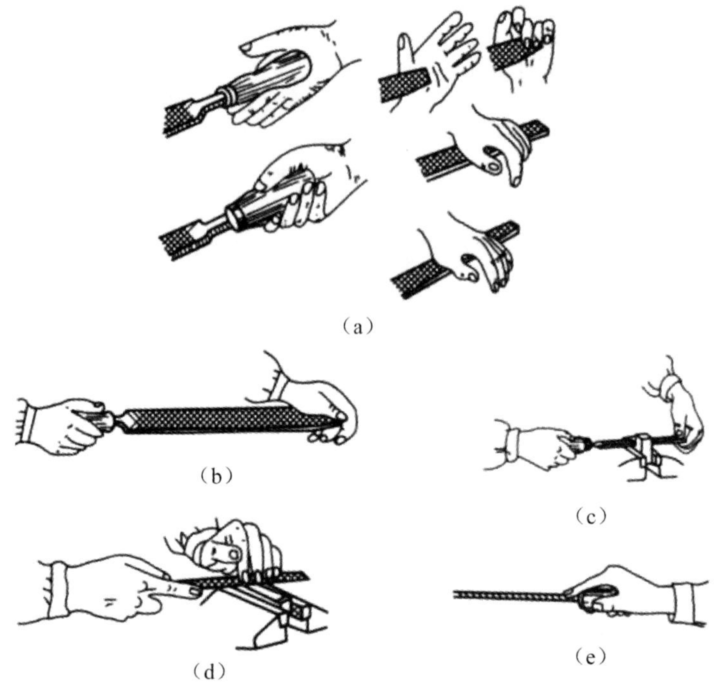

图 2-2-8　锉刀的握法

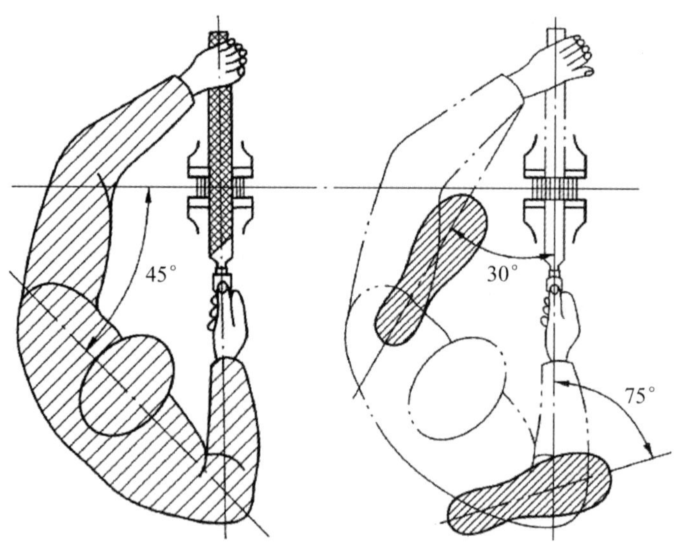

图 2-2-9　锉削姿势

(七)锉削的动作

开始时，身体重心大部分落在左脚，左膝呈弯曲状态，并随锉刀往复运动做相应屈伸，右膝伸直，如图 2-2-10 所示。身体前倾 10°左右，右肘尽量向后收缩。

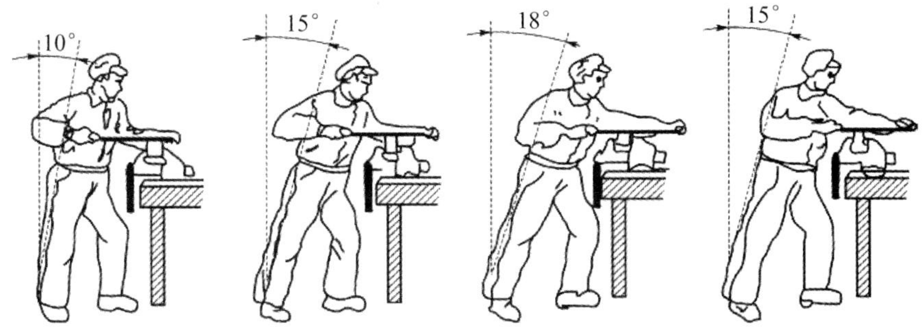

图 2-2-10　锉削动作

锉刀长度推进前 1/3 行程时，身体前倾 15°左右，左膝弯曲度稍增。

锉刀长度推进中间 1/3 行程时，身体前倾 18°左右，左膝弯曲度稍增。

锉刀推进最后 1/3 行程时，右肘继续推进锉刀，同时利用推进锉刀的反作用力，身体退回到 15°左右。

锉刀回程时，将锉刀略微提起退回，同时手和身体恢复到原来姿势。

(八)锉削力和锉削速度(或频率)

要锉出平整的平面，必须保证站姿正确，且使锉刀保持直线运动。锉削时左、右手的用力要随锉刀的前行做动态改变，右手的压力要随锉刀的前行逐步增加，同时左手的压力要逐步减小，当行程达到一半时，两手压力应相等。在锉削过程中锉刀应始终处于水平状态，回程时不加压力，以减少锉齿的磨损，如图 2-2-11 所示。

锉削速度(或频率)一般为 40 次每分钟左右，精锉适当放慢，回程时稍快，动作要自然协调，这也是初学者的难点。

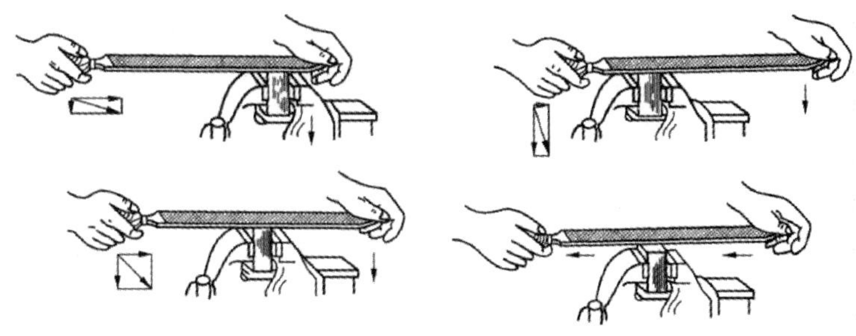

图 2-2-11　锉削受力

(九)平面锉削方法

1. 顺向锉

顺向锉是锉刀顺方向锉削的运动方法。它具有锉纹清晰、美观和表面粗糙度较小的特点，适用于小平面和粗锉后的场合，顺向锉的锉纹整齐一致，这是最基本的一种锉削方法，如图 2-2-12 所示。

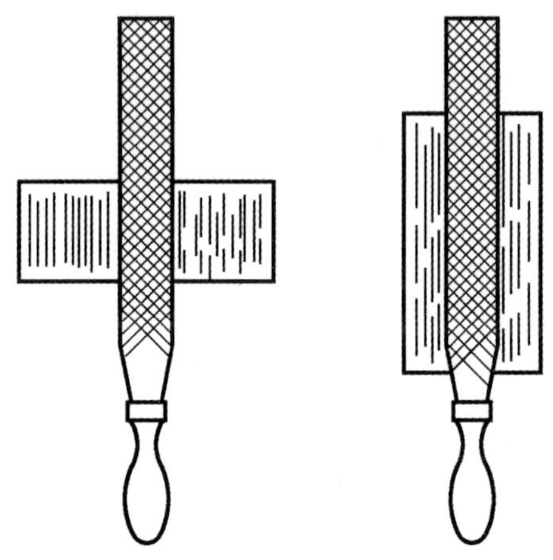

图 2-2-12 顺向锉

2. 交叉锉

交叉锉是从两个以上不同方向交替交叉锉削的运动方法，锉刀运动方向与工件夹持方向成 30°～40°。它具有锉削平面度好的特点，但表面粗糙度稍差，且锉纹交叉，如图 2-2-13 所示。

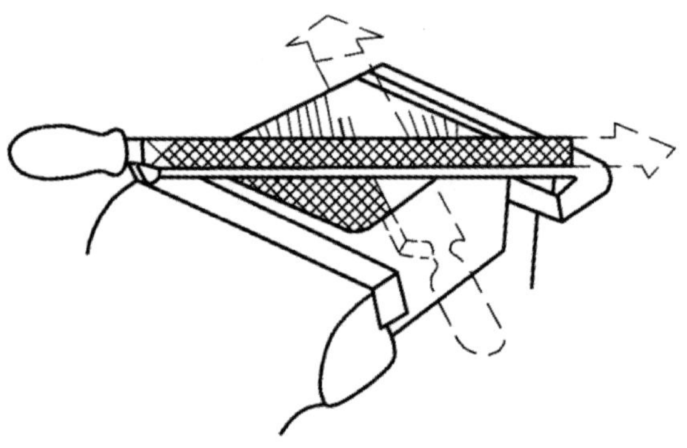

图 2-2-13 交叉锉

3. 推锉

推锉是双手横握锉刀往复锉削的方法。其锉纹特点同顺向锉，适用于狭长平面和修整时余量较小的场合，如图 2-2-14 所示。

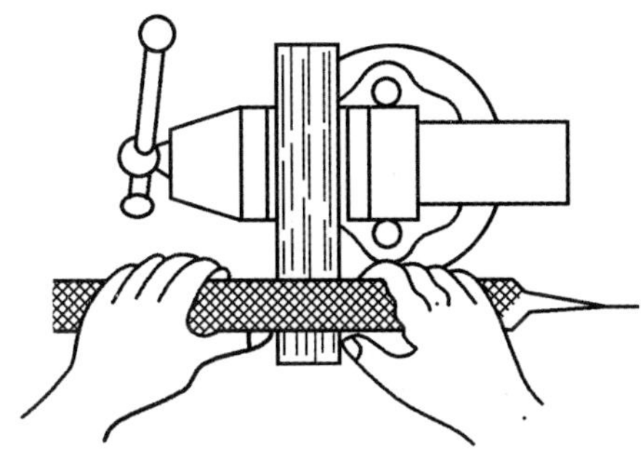

图 2-2-14　推锉

(十)锉削质量检验

1. 平面质量的检测及分析—平面度的检测

常用刀口尺通过透光法检测锉削面的平面度，如图 2-2-15 所示。检查时，刀口尺应垂直放在工件表面，在纵向、横向、对角方向多处逐一进行，其最大直线度误差即为该平面的平面度误差。如果刀口尺与锉削平面间透光强弱均匀，说明该锉削面较平；反之，说明该锉削面不平，其误差值可以用厚薄规(塞尺)塞入检查。

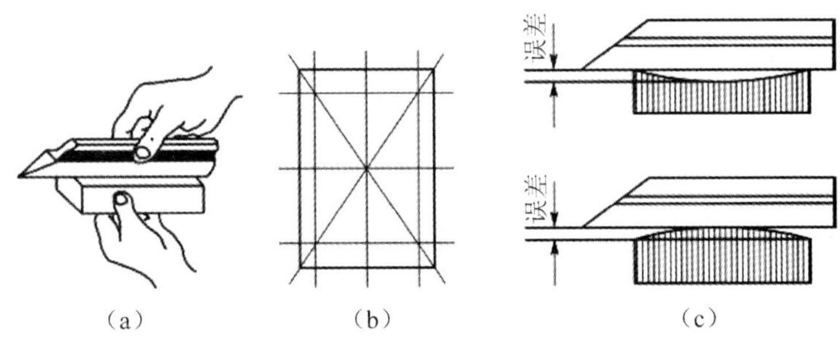

图 2-2-15　平面质量检测

检查过程中，在不同的检查位置应当将刀口尺提起后再放下，以免刀口磨损，影响检查精度。

2. 角尺检查

用 90°角尺或活动角尺检查工件垂直度之前，应先用锉刀将工件的锐边倒钝，如

图 2-2-16 所示。检查时，应注意以下几点。

(1)先将角尺尺座的测量面紧贴工件基准面，然后从上轻轻向下移动，使角尺尺瞄的测量面与工件的被测表面接触，如图 2-2-16(a)所示。

(2)眼睛平视观察其透光情况，以此来判断工件被测面与基准面是否垂直。检查时，角尺不可斜放，如图 2-2-16(b)所示，否则检查结果不准确。

若在同一平面上的不同位置进行检查时，角尺不可在工件表面上前后移动，以免磨损，影响角尺本身精度。

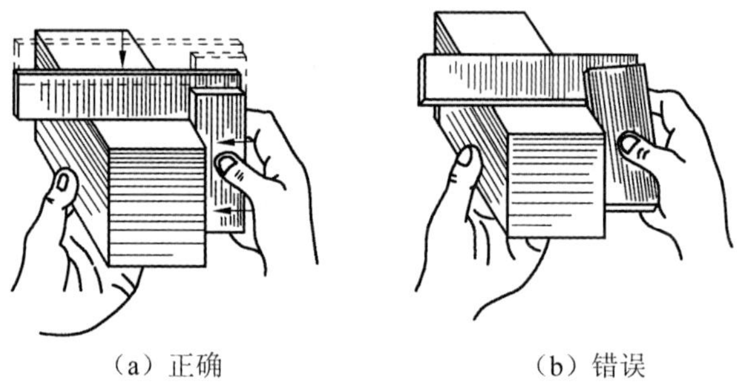

(a) 正确　　(b) 错误

图 2-2-16　用 90°角尺检查工件垂直度

(3)使用活动角尺时，因其本身无固定角度，而是在标准角度样板上定取，然后再检查工件，所以在定取角度时要很精确。

3. 锐边去毛刺

锐边去毛刺如图 2-2-17 所示。

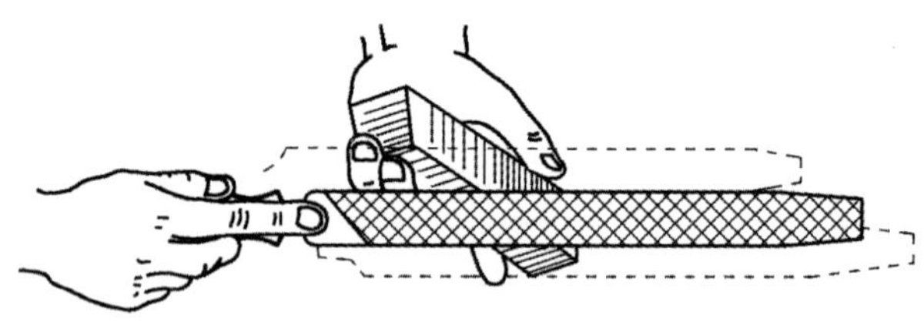

图 2-2-17　锐边去毛刺

实践活动

一、 实践条件

实践条件见表 2-2-2。

表 2-2-2　实践条件

类别	名称
工具	画线平板、高度尺、锯弓、粗牙大板锉、细牙中锉
量具	钢直尺、游标卡尺、高度尺、刀口直角尺、外径千分尺、划针
其他	垫片、台虎钳、划线平板

二、实践步骤

阶梯件锉削的实践步骤见表 2-2-3。

表 2-2-3　阶梯件锉削的实践步骤

序号	步骤	操作	图示
1	实践准备	安全教育，分析图样	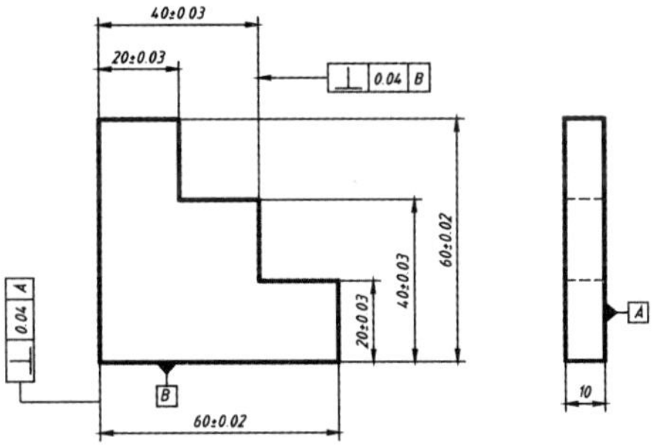 40±0.03 20±0.03 ⊥ 0.04 B 60±0.02 40±0.03 20±0.03 ⊥ 0.04 A B 60±0.02 A 10
2	基准确定	分别以零件图中 A 平面为水平基准，以零件图上与 A 平面相垂直且无需锯削去除的平面为垂直基准	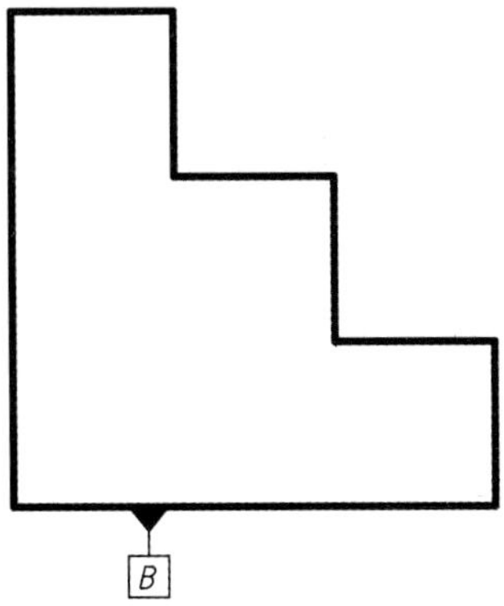 B

续表

序号	步骤	操作	图示
3	划线操作	将竖直基准所在边放置在划线平板上，将高标抬至20，40高度，分别用高标在毛坯上绘制出直线	
		将水平基准所在边放置在划线平板上，将高标抬至20，40高度，用高标在毛坯上分别绘制出直线	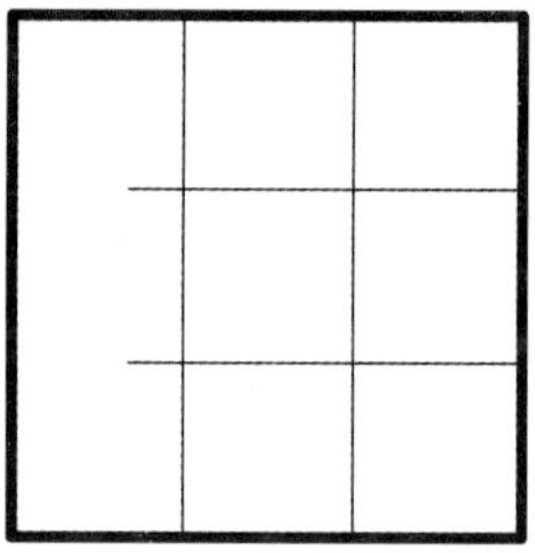
4	锯除余料	将毛坯料装夹在台虎钳上，保证水平基准与钳口平行，将锯条分别紧贴20，40高度线进行锯削，锯缝一直延伸至与竖直基准线平行的20，40高度线 将毛坯料装夹在台虎钳上，保证竖直基准与钳口平行，将锯条分别紧贴20，40高度线进行锯削，锯缝一直延伸至与水平基准线平行的20，40高度线	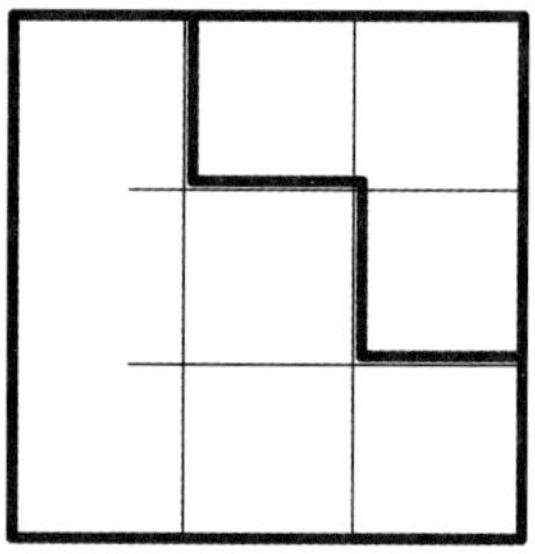

续表

序号	步骤	操作	图示
5	锉削加工	按零件图的要求，在以上完成零件半成品的基础上分别利用粗牙大板锉和细牙中锉刀进行零件的锉削	

三、注意事项

(1)检查锉刀外观，分析有无缺陷，并视工具状态决定是否需要进行更换。

(2)选择正确的装夹方法。

(3)按照零件图的要求进行划线操作。

(4)检测与判断。

专业对话

1. 请你根据本次任务的要求，安排一下加工计划。

2. 分析一下锉面前高后低的原因。

3. 分析一下锉面中凸和踏边的原因。

任务评价

考核标准见表 2-2-4。

表 2-2-4　考核标准

序号	检测内容	检测项目	分值	检测量具	自测结果	得分	教师检测结果	得分
1	客观评分 A(主要尺寸)	长度　20±0.03	10					
2		长度　40±0.03	10					
3		长度　60±0.03	10					
4		工艺槽 1×45°	10					
5		平面度	10					

续表

<table>
<tr><th>序号</th><th>检测内容</th><th>检测项目</th><th>分值</th><th>检测量具</th><th>自测结果</th><th>得分</th><th>教师检测结果</th><th>得分</th></tr>
<tr><td>6</td><td rowspan="3">客观评分A（几何公差与表面质量）</td><td>外观无划痕/破损</td><td>10</td><td></td><td></td><td></td><td></td><td></td></tr>
<tr><td>7</td><td>垂直度0.04</td><td>10</td><td></td><td></td><td></td><td></td><td></td></tr>
<tr><td>8</td><td>Ra 3.2</td><td>10</td><td></td><td></td><td></td><td></td><td></td></tr>
<tr><td>9</td><td rowspan="4">主观评分B（设备及工、量、刃具的维修使用）</td><td>工、量、刃具的合理使用与保养</td><td>10</td><td></td><td></td><td></td><td></td><td></td></tr>
<tr><td>10</td><td>锉削的正确操作</td><td>10</td><td></td><td></td><td></td><td></td><td></td></tr>
<tr><td>11</td><td>锉削的姿势</td><td>10</td><td></td><td></td><td></td><td></td><td></td></tr>
<tr><td>12</td><td>锉削的速度</td><td>10</td><td></td><td></td><td></td><td></td><td></td></tr>
<tr><td>13</td><td rowspan="2">主观评分B（安全文明生产）</td><td>执行正确的安全操作规程</td><td>10</td><td></td><td></td><td></td><td></td><td></td></tr>
<tr><td>14</td><td>正确“两穿两戴”</td><td>10</td><td></td><td></td><td></td><td></td><td></td></tr>
<tr><td>15</td><td colspan="2">客观A总分</td><td colspan="2">80</td><td colspan="2">客观A实际得分</td><td colspan="2"></td></tr>
<tr><td>16</td><td colspan="2">主观B总分</td><td colspan="2">60</td><td colspan="2">主观B实际得分</td><td colspan="2"></td></tr>
<tr><td>17</td><td colspan="2">总体得分率AB</td><td colspan="2"></td><td colspan="2">评定等级</td><td colspan="2"></td></tr>
<tr><td>评分说明</td><td colspan="8">1. 评分由客观评分A和主观评分B两部分组成，其中客观评分A占85%，主观评分B占15%
2. 客观评分A分值为10分、0分，主观评分B分值为10分、9分、7分、5分、3分、0分
3. 总体得分率AB：(A实际得分×85%＋B实际得分×15%)/(A总分×85%＋B总分×15%)×100%
4. 评定等级：根据总体得分率AB评定，具体为AB≥92%＝1，AB≥81%＝2，AB≥67%＝3，AB≥50%＝4，AB≥30%＝5，AB<30%＝6</td></tr>
</table>

拓展活动

利用钳工加工如图2-2-18所示的零件，达到图样所规定的要求。

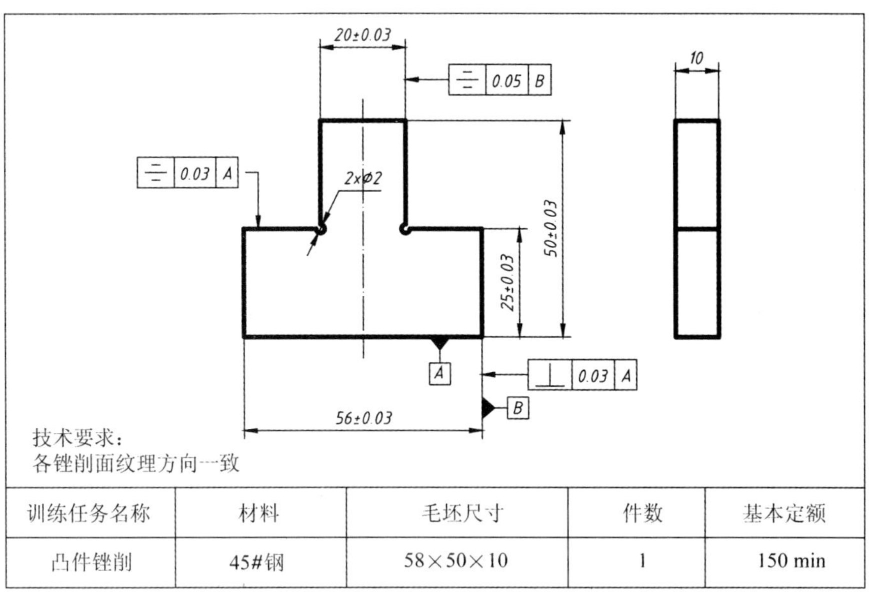

训练任务名称	材料	毛坯尺寸	件数	基本定额
凸件锉削	45#钢	58×50×10	1	150 min

图 2-2-18　凸件锉削

任务三　孔加工

任务目标

利用钳工技能完成如图 2-3-1 所示的零件，并达到图样所规定的各种要求。

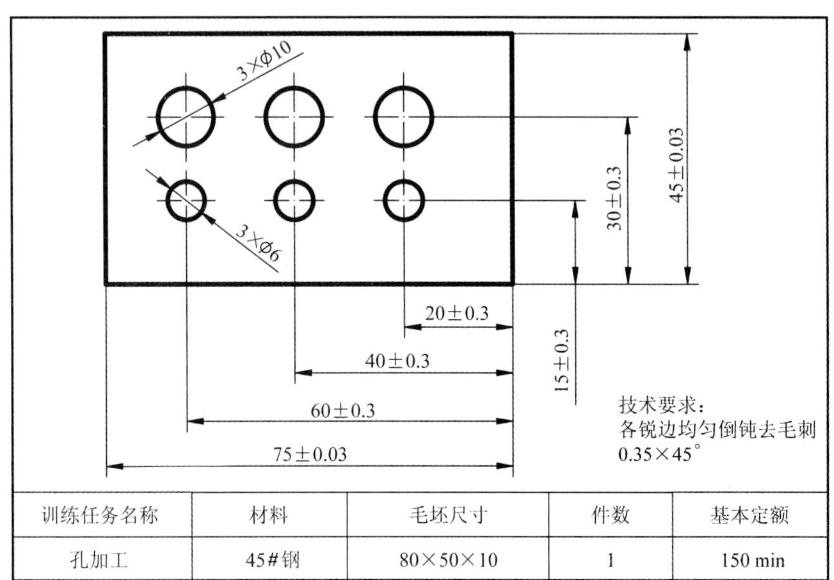

训练任务名称	材料	毛坯尺寸	件数	基本定额
孔加工	45#钢	80×50×10	1	150 min

图 2-3-1　孔加工零件图

学习活动

一、 麻花钻

麻花钻的种类及组成部分见表 2-3-1。

表 2-3-1 麻花钻的种类及组成部分

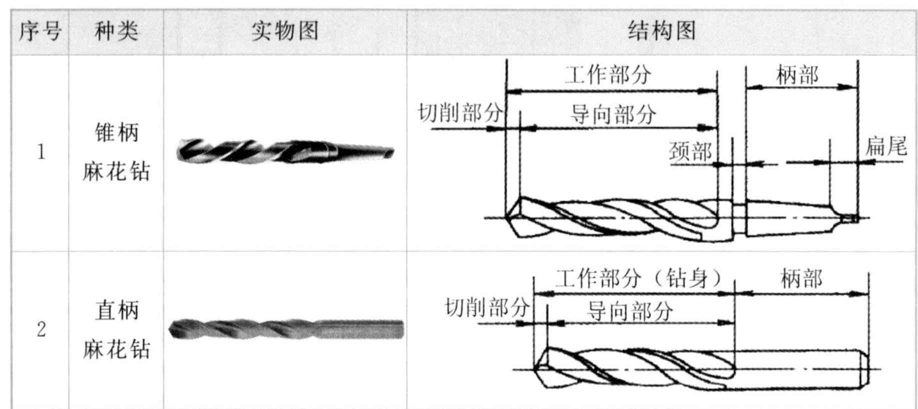

序号	种类	实物图	结构图
1	锥柄麻花钻		工作部分；柄部；切削部分；导向部分；颈部；扁尾
2	直柄麻花钻		工作部分（钻身）；柄部；切削部分；导向部分

直柄麻花钻的直径一般为 0.3 mm～16 mm。钳工中常用的一般是直柄麻花钻。莫氏锥柄麻花钻的直径见表 2-3-2。

表 2-3-2 莫氏锥柄麻花钻的直径

莫氏圆锥号（Morse No.）	1	2	3	4	5	6
钻头直径/(d/mm)	3～14	14～23.02	23.02～31.75	31.75～50.8	50.8～75	75～80

麻花钻各组成部分的作用见表 2-3-3。

表 2-3-3 麻花钻各组成部分的作用

序号	组成部分		作用
1	柄部		麻花钻的柄部在钻削时起夹持定心和传递转距的作用
2	颈部		直径较大的麻花钻在颈部用来标注麻花钻直径、材料牌号和商标；直径小的直柄麻花钻没有明显的颈部
3	工作部分	切削部分	切削部分主要起切削作用
4		导向部分	导向部分在钻削过程中能起到保持钻削方向、修光孔壁的作用，同时也是切削的后备部分

二、 台式钻床

台式钻床的结构如图 2-3-2 所示。

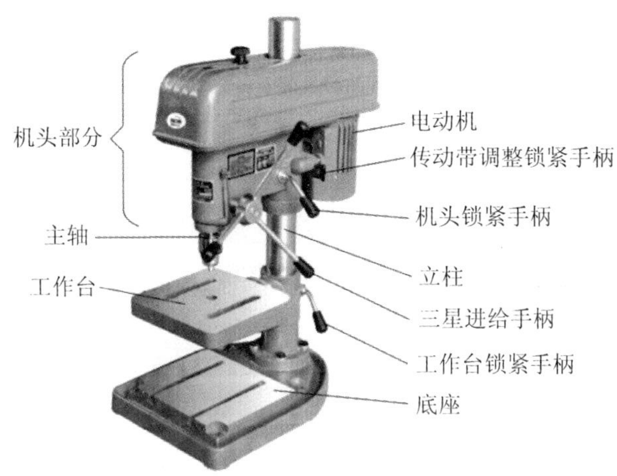

图 2-3-2　台式钻床的结构

(1)底座(下工作台)。中间有两条 T 形槽，用来固定工件或夹具。

(2)立柱。立柱截面为圆形，用来支承工作台和机头。

(3)工作台。工作台主要用来安放被加工工件，它可沿立柱上下移动，并能绕立柱转动到任意位置，同时工作台自身还可左右倾斜 45°。

(4)机头。机头安装在立柱上，它可沿立柱上下调整所需高度，并能绕立柱转动。

(5)主轴。主轴是钻床的“心脏”，在下端装有钻夹头，主要用来安装孔加工刀具和传递转矩。

(6)主轴变速机构。该机构采用塔轮变速方法，通过改变 V 带的位置，可实现 5 种不同的转速。传动带初拉力的调整靠电动机前后移动来完成。

(7)进给机构。台钻通常只有手动进给。

(8)电气控制部分。在机头的侧面装有控制开关，可使主轴正转或停车。

三、 孔加工操作要领

(一)钻孔

钻孔的精度较低，一般尺寸精度为 IT10～IT11 级，表面粗糙度值一般为 *Ra* 50～*Ra* 12.5，常用于精度要求不高的孔或螺纹孔底孔的加工。操作要点具体见表 2-3-4。

表 2-3-4 操作要点

<table>
<tr><th>序号</th><th>名称</th><th colspan="2">内容</th></tr>
<tr><td rowspan="2">1</td><td rowspan="2">钻孔方法</td><td colspan="2">钻孔时，一般先将钻头旋转，使钻头中心对准孔位置中心样冲眼，试钻一个浅坑，观察钻孔位置是否正确，并不断校正，使浅坑与划线圆同轴；当中心距精度要求较高时，可用“十字线”找正法，即用以同轴顶尖代替钻头夹在钻床主轴上，使其旋转，从互相垂直的两个方向对工件“十字线”中心找正，确定钻孔位置后，用旋转的顶尖冲一样冲眼</td></tr>
<tr><td colspan="2">然后换上钻头试钻一浅坑，当钻头切削部分进入工件后，再进入正常的钻孔状态，这种方法消除了冲眼误差，提高了位置精度，但生产效率较低</td></tr>
<tr><td>2</td><td>钻孔前</td><td colspan="2">钻孔前须在钻孔处打样冲眼，有利于起钻时钻头的定心，避免打滑</td></tr>
<tr><td>3</td><td>装夹方法</td><td> 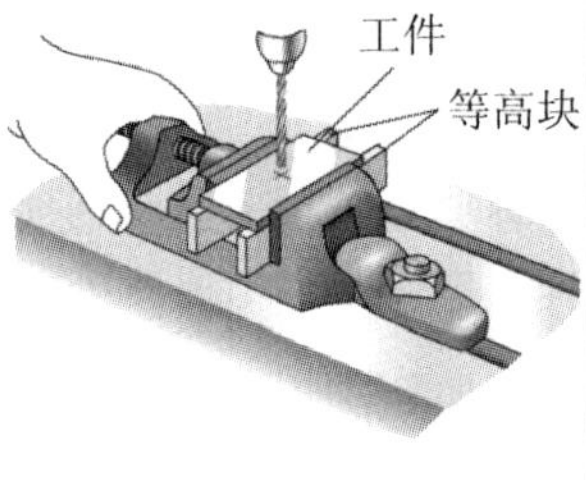
虎钳装夹</td><td> 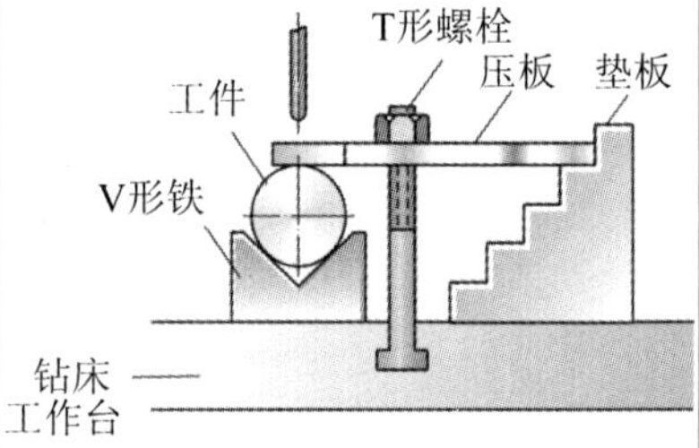
V形铁装夹和压板夹</td></tr>
<tr><td rowspan="5">4</td><td rowspan="5">钻孔时
注意事项</td><td colspan="2">钻孔时，应根据钻孔直径、切削力的大小以及工件形状和大小，采用不同的装夹方法，以保证钻孔的质量和安全</td></tr>
<tr><td colspan="2">手动进给时，进给量要均匀合理，太大易折断钻头，特别是直径小的钻头；太小钻头在原地摩擦，工件与钻头接触处易硬化，钻头也易磨钝</td></tr>
<tr><td colspan="2">钻孔时要根据情况，及时回退，排空切屑，盲孔加工时尤其重要</td></tr>
<tr><td colspan="2">当钻头将要钻穿工件时，应减少进给量，减小下压力，防止穿通时折断钻头</td></tr>
<tr><td colspan="2">钻孔时，由于金属变形和钻头与工件的摩擦，会产生大量的切削热，使钻头的温度升高，磨损加快，从而缩短钻头的使用寿命，并使钻头和工件表面产生积屑瘤而影响钻孔质量，为此，应在钻孔时注入足够的冷却润滑液</td></tr>
</table>

(二)扩孔

当孔径较大时，为了防止钻孔产生过多的热量而造成工件变形或切削力过大，或为了更好地控制孔径尺寸，往往先钻出比要求的孔径小的孔，然后再把孔径扩大至要求大小。扩孔精度可达 IT 10～IT 9，表面粗糙度可达 Ra 12.5～Ra 3.2。

在实际生产中常用麻花钻扩孔。当采用麻花钻扩孔时，底孔直径一般约为要求直径的 1/2～7/10。采用扩孔钻扩孔时，底孔直径一般约为要求直径的 9/10。切削速度要比钻孔小一倍，进给可采用机动或手动，采用手动进给时，进给量要均匀一致，如图 2-3-3 所示。

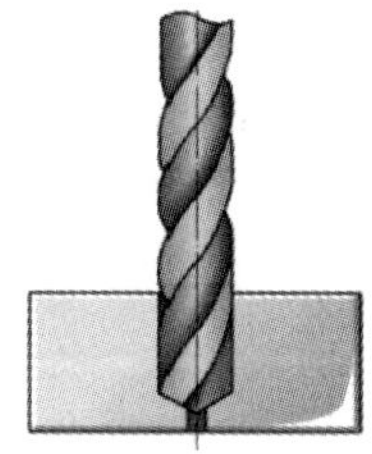

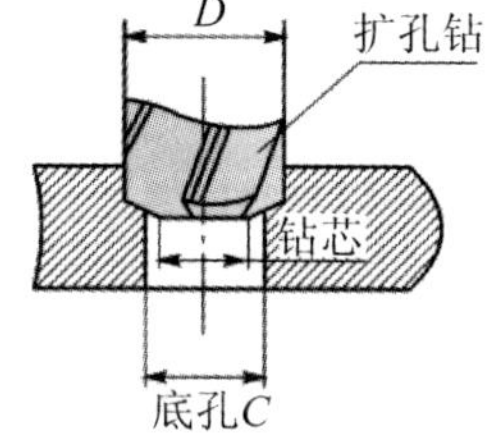

图 **2-3-3**　扩孔

(三)锪孔

在零件加工过程中，常遇到如图 2-3-4 所示的孔口形状，这时需用锪孔的方法加工，加工时按孔口的形状要求刃磨钻头即可。

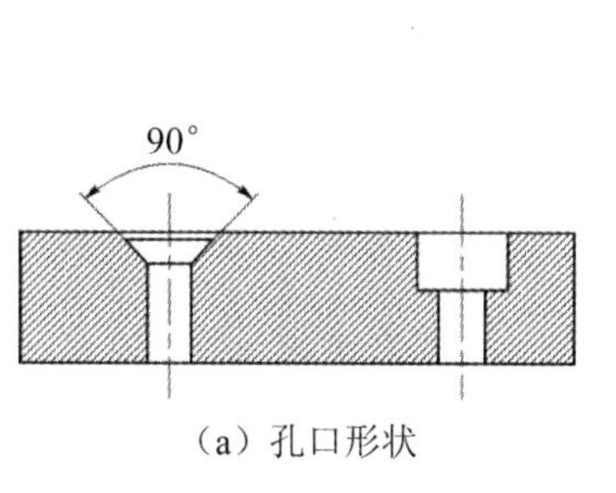

(a) 孔口形状

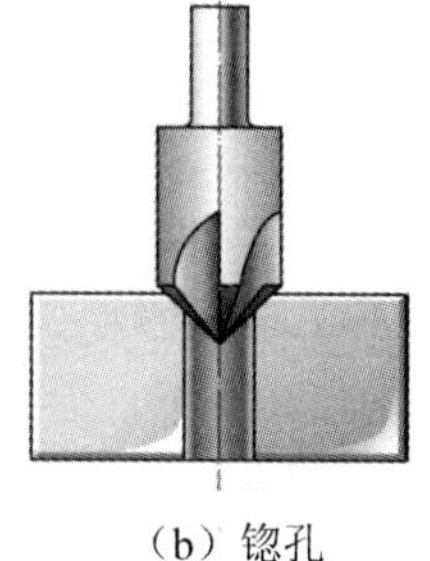

(b) 锪孔

图 **2-3-4**　用麻花钻改磨锥形锪钻

1. 用麻花钻改

用麻花钻改制时，其顶角应与锥孔锥角一致，两切削刃要对称，外缘处的前角要减小，以防扎刀，一般修磨成前角为 15°～20°。由于锪孔时横刃无切削，故轴向抗力减小，为了减小振动，常磨成双重后角为 0°～2°，这部分的后刀面宽为 1～2，另一后角为 6°～10°，如图 2-3-5 所示。

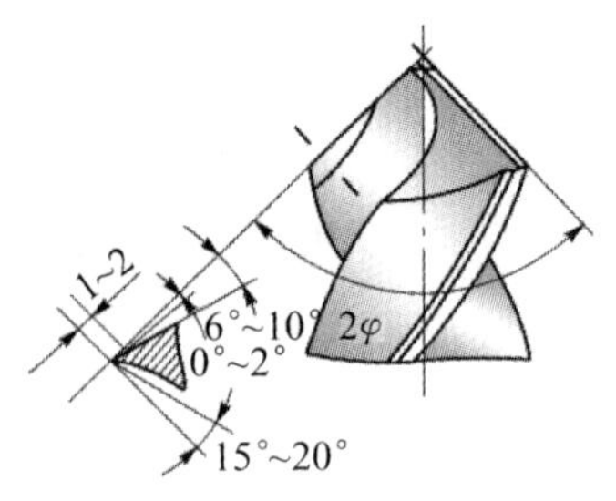

图 2-3-5 麻花钻顶角

2. 用麻花钻改磨平底锪钻

先把麻花钻端面对称磨平后，再修磨外缘处前角为 15°～20°，双重后角刀为 0°～2°，刀刃宽为1～2，另一后角为 6°～8°。

锪平底孔时，必须先用普通麻花钻扩出一个阶台孔作导向，然后再用平底锪钻锪至深度尺寸。即按“一钻、二扩、三锪”的顺序进行，如图 2-3-6 所示。

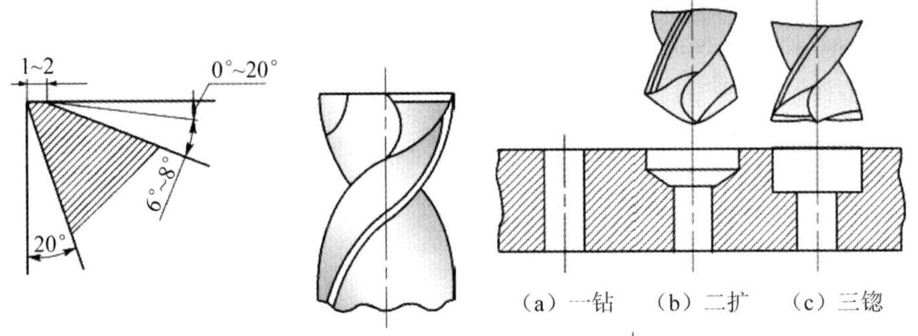

图 2-3-6 锪钻

(四)铰孔

铰孔分为手工铰孔和机用铰孔两种，钳工训练的主要是手工铰孔，如图 2-3-7 所示。孔径较大的孔，由于切削力较大，多采用机用铰孔；另外，大批量生产也使用机用铰孔。

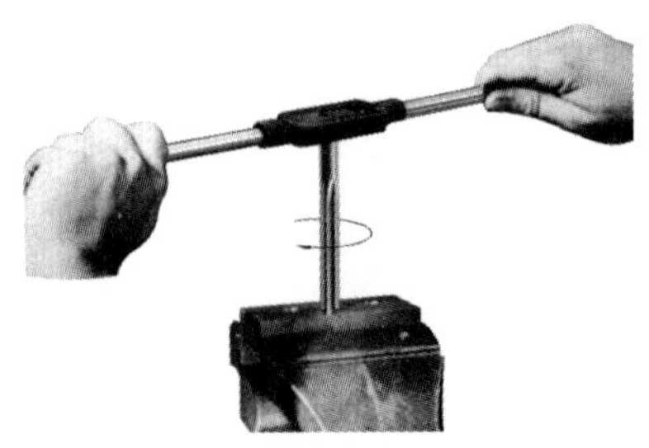

图 2-3-7 铰孔

手工铰孔操作要点具体见表 2-3-5。

表 2-3-5　操作要点

序号	名称
1	确定底孔加工方法和切削余量
2	检查铰刀的质量和尺寸
3	工件夹正、夹牢而不变形
4	两手用力要平衡，按顺时针方向转动并略微用力下压(任何时候都不能倒转)，铰刀不得摇摆，以保持铰削的稳定性，避免在孔口处出现喇叭口或将孔径扩大
5	进给量的大小和转动速度要适当、均匀，并不断地加入切削液。铰孔完成后，要顺时针方向旋转并退出铰刀，不论进刀还是退刀都不能反转，否则，会使切屑卡在孔壁与刀齿后刀面形成的楔形腔内，将孔壁刮毛，甚至挤崩刀刃
6	要变换每次的停歇位置，以消除铰刀常在同一处停歇而造成的振痕。铰削过程中，如果铰刀转不动，不能硬扳转铰刀，应小心地抽出铰刀，检查铰刀是否被切屑卡住或遇到硬点，否则会使刀刃崩裂或折断铰刀；铰削时，要注意经常清除粘在刀齿上的切屑；如铰刀刀齿出现磨损，可用油石仔细修磨刀刃，以使刀刃锋利
7	铰削通孔时，铰刀的校准部分，不能全部超过工件的下边，否则，容易将孔出口处划伤划坏孔壁；铰孔时，要及时加注润滑冷却液

(五)注意要点

当材料较硬或要钻较深的孔时，在钻孔过程中要经常将钻头退出孔外排除切屑，以防止切屑卡死、扭断钻头。

即将钻透孔时，必须减小进刀量，使用自动进给的，应改为手动进给。

要钻的孔直径超过 30 mm 时应分两次钻削。先用直径较小的钻头钻一小孔，然后再扩孔，这样可避免横刃的损坏和减小轴向力。

实践活动

一、实践条件

实践条件见表 2-3-6。

表 2-3-6 实践条件

类别	名称
设备	台钻
量具	钢直尺、带表游标卡尺、高度尺、刀口角尺、内径千分尺
工具	画线平板、高度尺、锯弓、锉刀(大、中、小多规格)
刃具	麻花钻、锪孔钻、铰刀、定心钻
其他	垫片、台虎钳、样冲、铁锤等

二、 实践步骤

孔加工实践步骤见表 2-3-7。

表 2-3-7 孔加工实践步骤

序号	步骤	操作	图示
1	实践准备	安全教育，分析图样	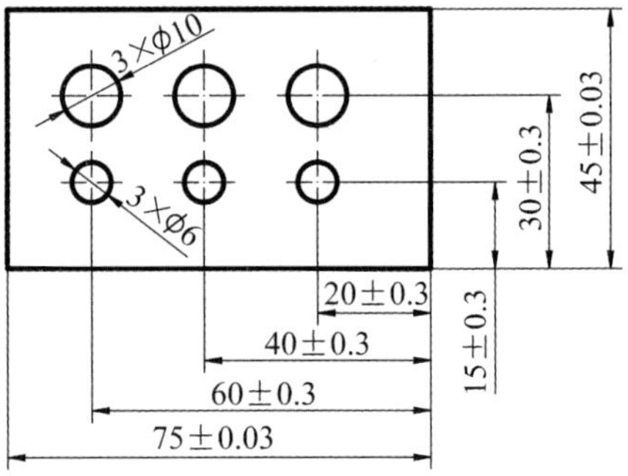 3×Φ10; 3×Φ6; 20±0.3; 40±0.3; 60±0.3; 75±0.03; 15±0.3; 30±0.3; 45±0.03
2	毛坯制作	加工出一 75×45 毛坯料，其中有两个面是相互垂直，该两面分别为水平基准和竖直基准，该两处基准面需要精细加工	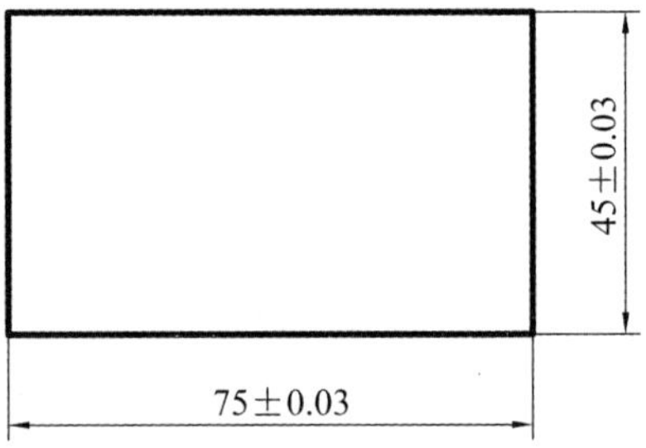 45±0.03; 75±0.03
3	划线操作	将毛坯钢板水平基准放置在划线平板上，并紧靠铁，将高标调至45 mm高度，在毛坯钢板上划出直线，同理划出 75 mm 高度直线	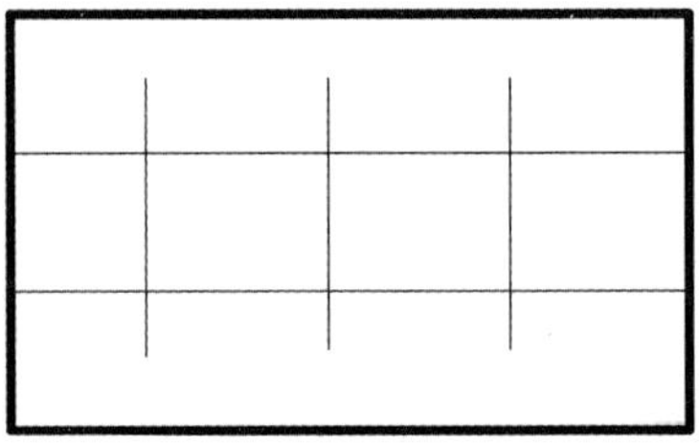

续表

序号	步骤	操作	图示
4	定心	在划线操作 2 的基础上，使用样冲将以上划线操作所相交的六处点进行样冲打眼，确定位置	
5	孔加工	选择 ϕ 6.8 的麻花钻钻削出底孔；选择 ϕ 10 的麻花钻钻削出上孔	

扫一扫：观看孔加工的学习视频。

三、注意事项

(1)钻孔前，工作台面上不准放置刀具、量具及其他物品。钻通孔时，工件下面必须垫上垫铁或使钻头对准工作台的槽，以免损坏工作台。

(2)操作钻床时禁止戴手套及使用棉纱，袖口必须扎紧，女生必须戴工作帽。

(3)开动钻床前，应检查变速是否到位，是否有钻夹头钥匙或斜铁插在主轴上。

(4)钻孔时工件一定要夹紧，特别是在小工件上钻较大直径的孔时，装夹必须牢固。孔将钻穿时，要尽量减小进给力。

(5)钻孔时不可用手、棉纱头或用嘴吹来清除切屑，必须用毛刷清除；钻出长切屑时用钩子钩断后清除；当钻头上绕有长切屑时应停车后清除，严禁用手拉或用铁棒敲击。

(6)操作者的头严禁与旋转着的主轴靠得太近，停车时应让主轴自然停止，不可用手刹住，也不能用反转制动。

(7)开车状态下严禁装拆工件、检验工件和变换主轴转速，必须在停车状态下进行。

(8)清洁钻床或加注润滑油时，必须切断电源。

(9)钻夹装夹钻头时须用钻夹头钥匙，不可用扁铁和锤子敲击，以免损坏夹头和影响钻床主轴精度。

专业对话

1. 谈一谈孔加工出现质量缺陷时应该怎样处理。

2. 麻花钻在钻薄板或者钻非金属件时，应该怎样磨钻头？

任务评价

考核标准见表 2-3-8。

表 2-3-8 考核标准

<table>
<tr><th>序号</th><th>检测内容</th><th>检测项目</th><th>分值</th><th>检测量具</th><th>自测结果</th><th>得分</th><th>教师检测结果</th><th>得分</th></tr>
<tr><td>1</td><td rowspan="7">客观评分 A（主要尺寸）</td><td>定位 15±0.3</td><td>10</td><td></td><td></td><td></td><td></td><td></td></tr>
<tr><td>2</td><td>定位 30±0.3</td><td>10</td><td></td><td></td><td></td><td></td><td></td></tr>
<tr><td>3</td><td>定位 20±0.3</td><td>10</td><td></td><td></td><td></td><td></td><td></td></tr>
<tr><td>4</td><td>定位 40±0.3</td><td>10</td><td></td><td></td><td></td><td></td><td></td></tr>
<tr><td>5</td><td>定位 60±0.3</td><td>10</td><td></td><td></td><td></td><td></td><td></td></tr>
<tr><td>6</td><td>$M8$ 螺纹孔</td><td>10</td><td></td><td></td><td></td><td></td><td></td></tr>
<tr><td>7</td><td>$M12$ 螺纹孔</td><td>10</td><td></td><td></td><td></td><td></td><td></td></tr>
<tr><td>8</td><td rowspan="6">主观评分 B（安全文明生产）</td><td>正确穿戴工作服</td><td>10</td><td></td><td></td><td></td><td></td><td></td></tr>
<tr><td>9</td><td>正确穿戴工作帽</td><td>10</td><td></td><td></td><td></td><td></td><td></td></tr>
<tr><td>10</td><td>正确穿戴工作鞋</td><td>10</td><td></td><td></td><td></td><td></td><td></td></tr>
<tr><td>11</td><td>正确穿戴工作镜</td><td>10</td><td></td><td></td><td></td><td></td><td></td></tr>
<tr><td>12</td><td>工具箱的整理</td><td>10</td><td></td><td></td><td></td><td></td><td></td></tr>
<tr><td>13</td><td>工、量、刃具的整理</td><td>10</td><td></td><td></td><td></td><td></td><td></td></tr>
<tr><td>14</td><td colspan="2">客观 A 总分</td><td colspan="2">70</td><td colspan="2">客观 A 实际得分</td><td colspan="2"></td></tr>
<tr><td>15</td><td colspan="2">主观 B 总分</td><td colspan="2">60</td><td colspan="2">主观 B 实际得分</td><td colspan="2"></td></tr>
<tr><td>16</td><td colspan="2">总体得分率 AB</td><td colspan="2"></td><td colspan="2">评定等级</td><td colspan="2"></td></tr>
<tr><td>评分说明</td><td colspan="8">1. 评分由客观评分 A 和主观评分 B 两部分组成，其中客观评分 A 占 85%，主观评分 B 占 15%
2. 客观评分 A 分值为 10 分、5 分、0 分，主观评分 B 分值为 10 分、9 分、7 分、5 分、3 分、0 分
3. 总体得分率 AB：(A 实际得分×85%＋B 实际得分×15%)/(A 总分×85%＋B 总分×15%)×100%
4. 评定等级：根据总体得分率 AB 评定，具体为 AB≥92%＝1，AB≥81%＝2，AB≥67%＝3，AB≥50%＝4，AB≥30%＝5，AB<30%＝6</td></tr>
</table>

拓展活动

一、选择题

1. 麻花钻的两个螺旋槽表面是________。

A. 主后刀面　　B. 副后刀面　　C. 前刀面　　D. 切削平面

2. 立式钻床一级保养的外保养清洁工作中不含________。

A. 工作台丝杠　　B. 工作台齿条

C. 工作台圆锥齿轮　　D. 电动机

3. 立体划线时，一般选用________作为支撑。

A. 台虎钳　　B. 千斤顶　　C. V形铁　　D. 楔铁

4. 铰孔时两手用力不均匀会使________。

A. 孔径缩小　　B. 孔径扩大　　C. 孔径不变化　　D. 铰刀磨损

5. 扩孔加工时，其切削速度宜在钻孔切削速度的________。

A. 1/2　　B. 1/3　　C. 1/4　　D. 1/5

二、判断题

1.(　　)采用钻铰结合的方法加工孔径，铰削余量越大越好。

2.(　　)立式钻床一级保养中润滑保养主要是指清洁工作台丝杆、齿条、圆锥齿轮等。

3.(　　)钻孔加工某孔，前期准备工作应包括熟悉图样、找准基准面，选择加工方法，选择夹具、量具等。

4.(　　)立式钻床一级保养中冷却保养主要指清扫电器箱、电动机，使电器装置固定整齐。

三、简答题

1. 请描述麻花钻的种类及组成部分。

2. 常见的钻孔质量缺陷有哪些？请分析原因并提出解决方案。

任务四 挂锁锁体的加工

任务目标

利用钳工完成如图 2-4-1 所示的零件，达到图样所规定的要求。

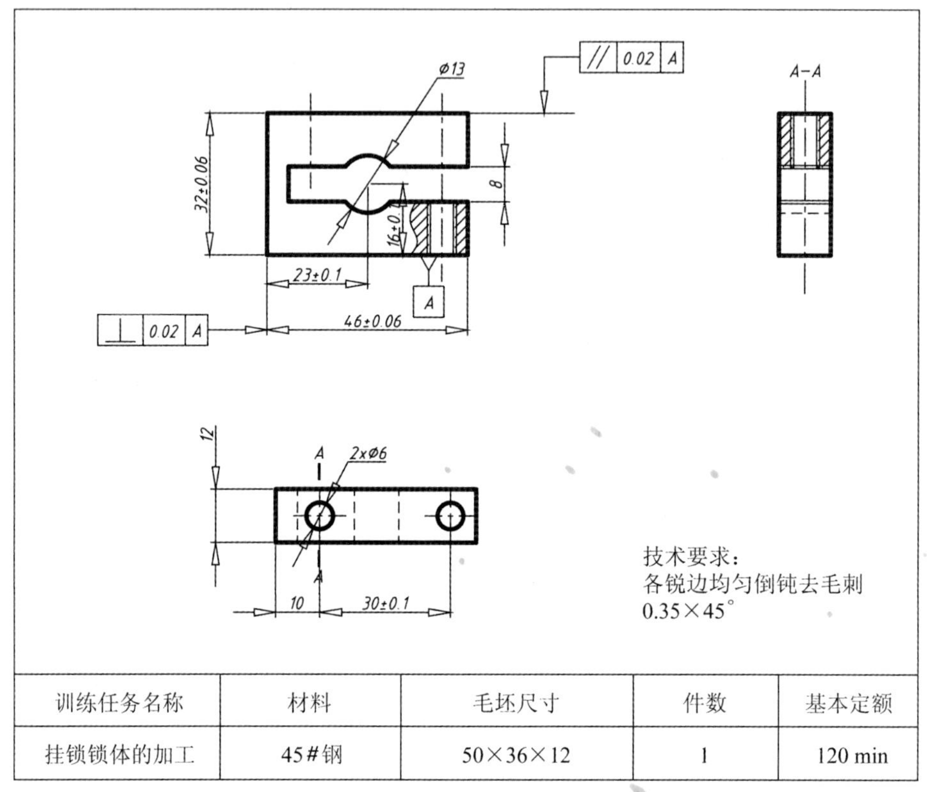

训练任务名称	材料	毛坯尺寸	件数	基本定额
挂锁锁体的加工	45#钢	50×36×12	1	120 min

图 2-4-1 挂锁锁体的加工

学习活动

一、 钻排料孔的流程和方法

(一)钻排料孔前的准备工作

(1)钻孔前，先进行划线，将划线的交叉点设定为排料孔圆心。同时尽可能地划出排料孔的轮廓，并在已确定的轮廓圆心和划线交叉点位置处用样冲冲出小眼。

(2)检查钻床传动部分的润滑情况，准备好工具和安装工件用的工、夹具等。安装工件和刀具时要结实牢固，不能有松动现象。

(3)选择切削量，确定好冷却液。

(4)试车(空转)。检查各部分运转是否良好和刀具安装是否正确，操作时禁止戴手套。

(二)排料孔钻削

试钻浅坑，观察是否对准，如发现偏心，应该及时校正(可用錾槽法校正，如图 2-4-2 所示，也可以在扩孔前利用圆棒锉修孔)。

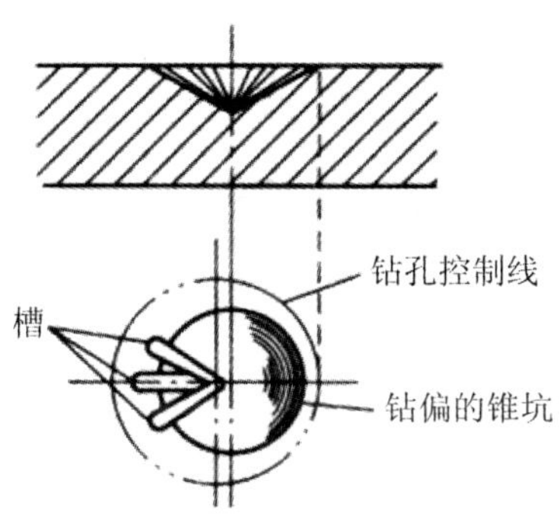

图 2-4-2　錾槽法

(三)开放冷却液进行钻孔

当材料较硬或要钻较深的孔时，在钻孔过程中要经常将钻头退出孔外排除切屑，以防止切屑卡死、扭断钻头。

即将钻透孔时，必须减小进刀量，使用自动进给的，应改为手动进给。

要钻的孔直径超过 30 mm 时应分两次钻削。先用直径较小的钻头钻一小孔，然后再扩孔，这样可避免横刃的损坏和减小轴向力。

二、 对称度

(一)对称度概念

1. 对称度误差

对称度误差是指被测表面的对称平面与基准表面的对称平面间的最大偏移距离，用 Δ 表示。

2. 对称度公差带

对称度公差带是指相对基准中心平面对称配置的两个平行平面之间的区域，两平行面距离即为公差值 t，如图 2-4-3 所示的公差值 0.1 mm。

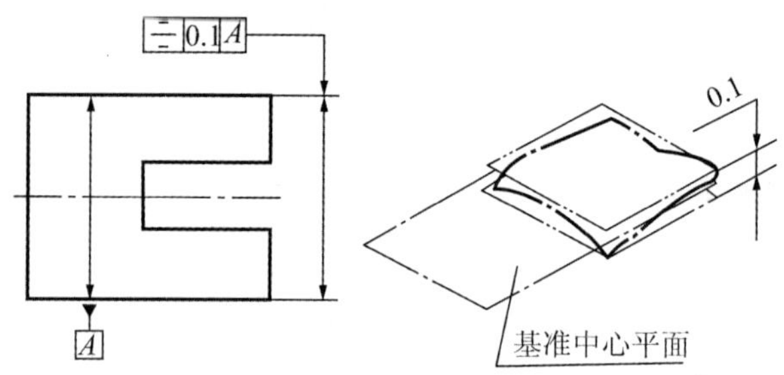

图 2-4-3 对称度公差值为 0.1 mm

(二)对称形体工件的划线

对于平面对称工件的划线，应在形成对称中心平面的两个基准面精加工后进行。划线基准应与这两个基准面重合，划线尺寸则按两个对称基准平面间的实际尺寸及对称要素的要求尺寸计算得出。

(三)对称度的测量

测量被测表面与基准表面的尺寸 A 与 B，其差值的一半即为对称度误差值，如图 2-4-4 所示。

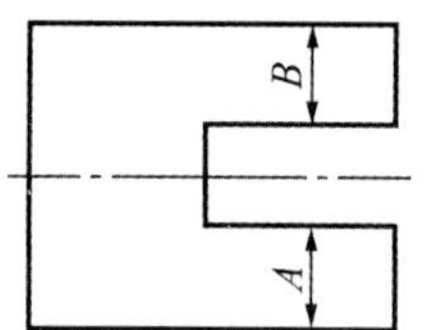

图 2-4-4 对称度的测量

对称度误差值 Δ：$\Delta=(A-B)/2$。

三、 清内角的方法

(一)内角的种类

工件结构中的内角有多种类型，如图 2-4-5 所示。其根部若没有工艺孔或退刀槽时，加工的难度大，需要清除角根部的材料，俗称清角。

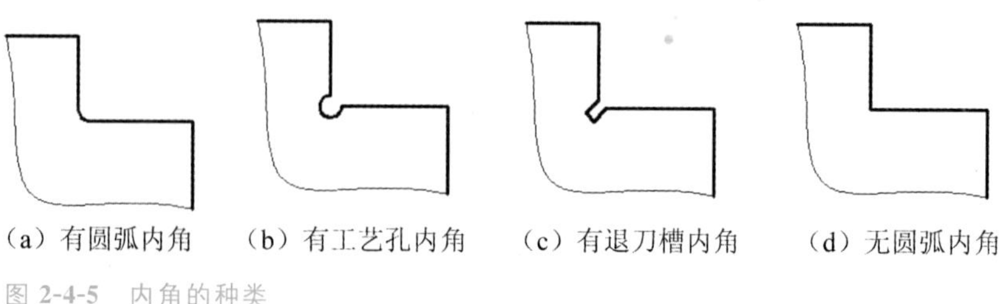

图 2-4-5 内角的种类

清角使用的锉刀，可以用整形锉，也可以用被磨了侧锉纹的锉刀，以保证锉削时锉刀的侧齿不干涉已加工面。清无圆弧内角使用的锯条，也需要进行修磨。

(二)工具的修磨

1. 锉刀的修磨

选定锉刀工作表面后，将两侧的侧齿用砂轮磨去，其截面形状如图 2-4-6(a)所示，磨成等腰梯形。锉刀的侧面与底面的夹角可根据工件的内角确定，一般均小于工件内角的数值。

2. 锯条的修磨

选用中齿或细齿锯条，将锯齿磨去，其截面形状如图 2-4-6(b)所示，磨成等腰三角形。

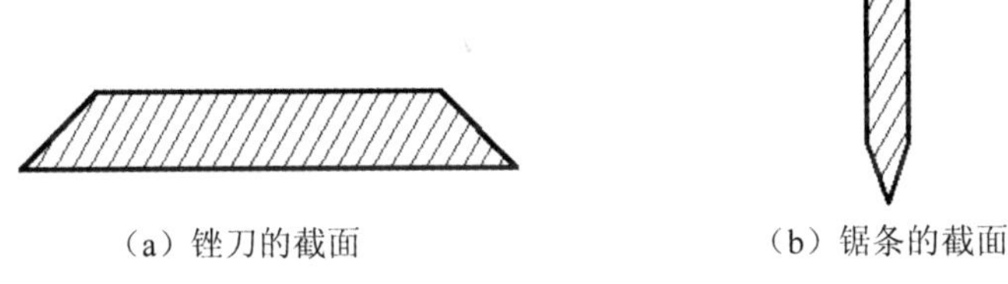

图 2-4-6　工具的修磨

(三)清无圆弧内角的方法

用普通锉刀将工件加工成如图 2-4-7(a)所示的图样。

用修磨去侧齿的锉刀将被分成两部分的圆角锉去，如图 2-4-7(b)所示。

用磨去锯齿的锯条，将圆角沿角平分线锯至内角的根部，如图 2-4-7(c)所示。

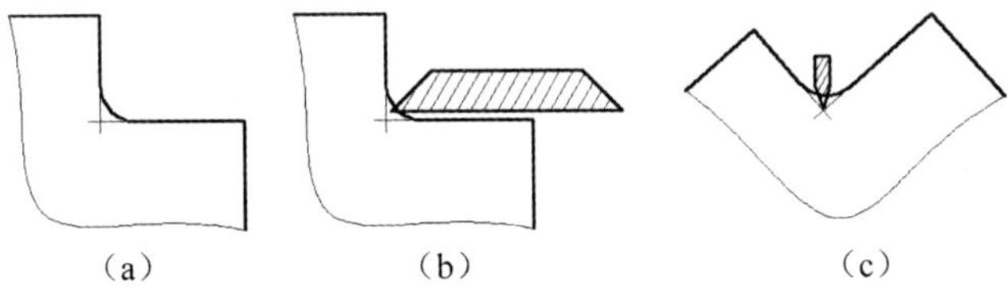

图 2-4-7　清无圆弧内角的方法

实践活动

一、 实践条件

实践条件见表 2-4-1。

表 2-4-1 实践条件

类别	名称
设备	台虎钳、锯工、钻床、砂轮机
量具	高度游标卡尺、游标卡尺、钢直尺、刀口角尺、万能角度尺
工具	软锤子、硬锤子、锯弓、划针、划规、扳手、样冲、板牙架、铰杠、套筒
刃具	锉刀、整形锉、锯条、板牙、丝锥、钻头
材料	圆钢、板料
其他	切削液、软钳口

二、 实践步骤

挂锁锁体加工的实践步骤见表 2-4-2。

表 2-4-2 挂锁锁体加工的实践步骤

序号	步骤	操作	图示
1	实践准备	安全教育，分析图样	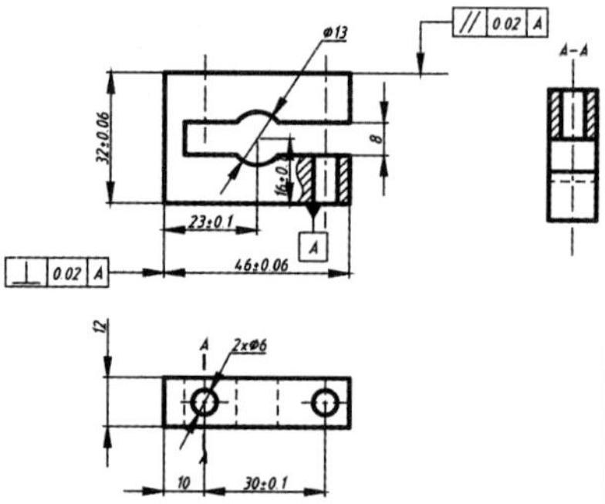
2	基准确定	分析零件图中 A 平面为水平基准，以零件图上与 A 平面相垂直且无需锯削去除的平面为垂直基准	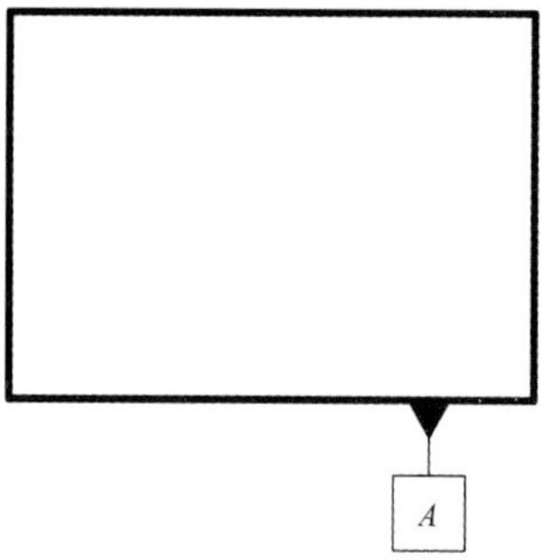

续表

序号	步骤	操作	图示
3	划线操作	将水平基准所在边放置在划线平板上，将高标抬至 12，16，20，32 高度，用高标在毛坯上分别绘制出直线；将竖直基准所在边放置在划线平板上，将高标抬至 5，23，46 高度，分别用高标在毛坯上绘制出直线	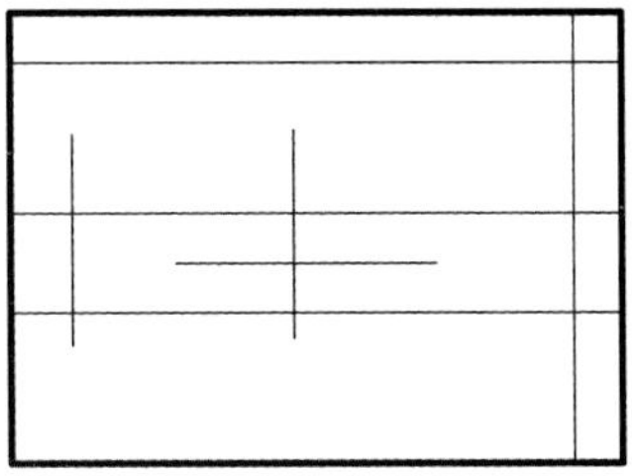
		将侧边放置在划线平板上，将高标抬至 6，10，40 高度，用高标在毛坯上分别绘制出直线	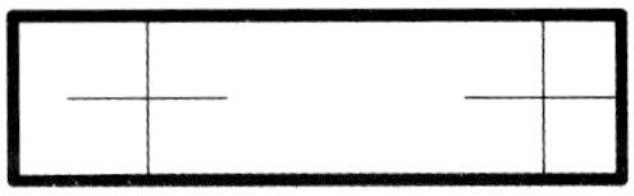
4	钻孔	在孔加工线上打上样冲眼，钻 ϕ 6 底孔并用 ϕ 13 扩孔，然后用 ϕ 3 打排孔，最后用 ϕ 6 打孔，并将孔按不同情况倒角	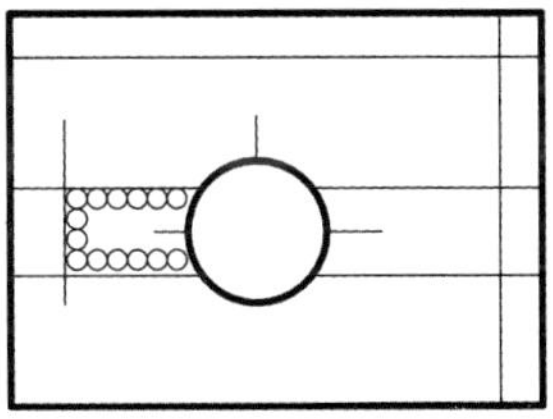
5	锯除余料	将毛坯料装夹在台虎钳上，保证竖直基准与钳口平行，将锯条分别紧贴 46 高度线进行锯削，锯缝一直延伸到底；将毛坯料装夹在台虎钳上，保证水平基准与钳口平行，将锯条分别紧贴 12，20，32 高度线进行锯削	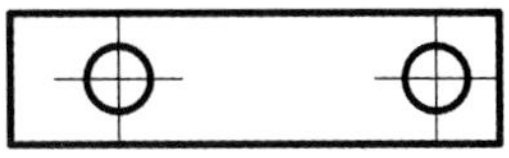
6	锉削加工	按零件图的要求，在以上完成零件半成品的基础上分别利用粗牙大板锉和细牙中锉刀进行零件的锉削	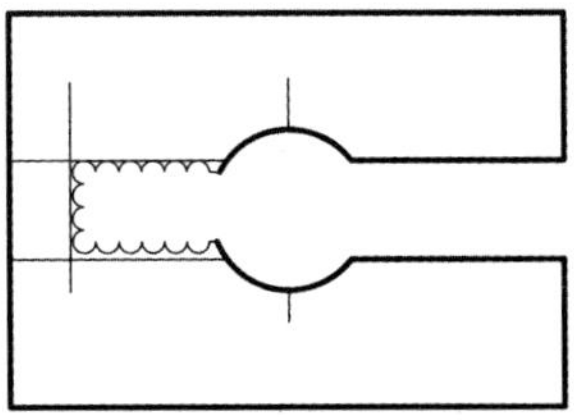

三、 注意事项

(1)检查钻床、锯弓、锯条、锉刀外观，分析有无缺陷，并视工具状态决定是否需要进行更换。

(2)选择正确的装夹方法。

(3)按照零件图的要求进行划线操作。

(4)按照零件图的要求进行钻孔、锯削、锉削。

(5)检测与判断。

专业对话

1. 谈一谈钻排料孔的方法和技巧。

2. 谈一谈对称度的测量方法。

3. 谈一谈内角的清角方法。

任务评价

考核标准见表 2-4-3。

表 2-4-3 考核标准

序号	检测内容	检测项目	分值	检测量具	自测结果	得分	教师检测结果	得分
1	客观评分 A(主要尺寸)	46±0.06	10					
2		32±0.06	10					
3		23±0.1	10					
4		23±0.1	10					
5		5	10					
6		8	10					
7		ϕ13	10					
8		ϕ6	10					
9		30	10					
10	客观评分 A(几何公差与表面质量)	外观无划痕破损	10					
11		垂直度 0.02	10					
12		平行度 0.02	10					
13		平面度	10					

续表

序号	检测内容	检测项目	分值	检测量具	自测结果	得分	教师检测结果	得分
14	主观评分 B（设备及工、量、刃具的维修使用）	工、量、刃具的合理使用与保养	10					
15		锉削的正确操作	10					
16		锉削的姿势	10					
17		锉削的速度	10					
18	主观评分 B（安全文明生产）	执行正确的安全操作规程	10					
19		正确“两穿两戴”	10					
20	客观 A 总分		130		客观 A 实际得分			
21	主观 B 总分		60		主观 B 实际得分			
22	总体得分率 AB				评定等级			
评分说明	1. 评分由客观评分 A 和主观评分 B 两部分组成，其中客观评分 A 占 85%，主观评分 B 占 15% 2. 客观评分 A 分值为 10 分、0 分，主观评分 B 分值为 10 分、9 分、7 分、5 分、3 分、0 分 3. 总体得分率 AB：(A 实际得分×85%+B 实际得分×15%)/(A 总分×85%+B 总分×15%)×100% 4. 评定等级：根据总体得分率 AB 评定，具体为 AB≥92%=1，AB≥81%=2，AB≥67%=3，AB≥50%=4，AB≥30%=5，AB<30%=6							

拓展活动

利用钳工技能完成如图 2-4-8 所示的零件，达到图样所规定的要求。

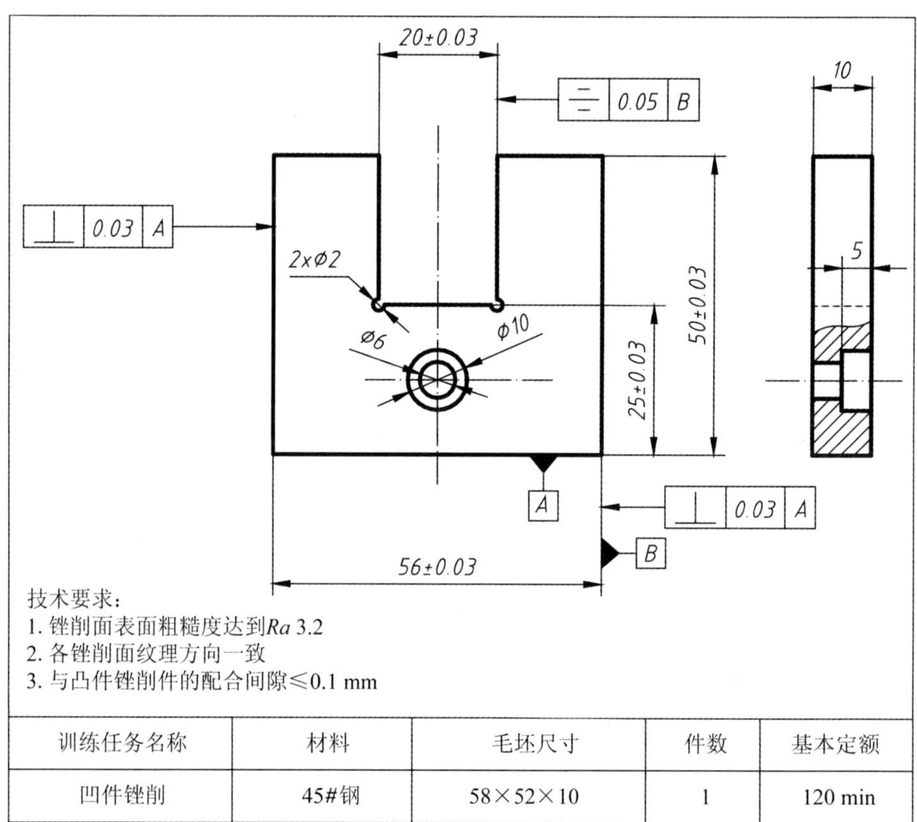

技术要求：
1. 锉削面表面粗糙度达到*Ra* 3.2
2. 各锉削面纹理方向一致
3. 与凸件锉削件的配合间隙≤0.1 mm

训练任务名称	材料	毛坯尺寸	件数	基本定额
凹件锉削	45#钢	58×52×10	1	120 min

图 2-4-8　凹件锉削

项目三
锁梁的加工

项目导航

本项目主要介绍套螺纹的工具，套螺纹的操作要点和注意事项，套螺纹中常见问题的产生原因和防止方法，以及进行锁梁的下料，锁梁外螺纹的加工，锁梁弯形的加工等实践操作。

学习要点

1. 了解套螺纹的工具。
2. 理解并掌握套螺纹的操作要点和注意事项。
3. 掌握套螺纹中常见问题的产生原因和防止方法。
4. 掌握套螺纹前圆杆直径的计算。

任务一　锁梁的下料

任务目标

根据图样要求，合理选用工、量具，利用钳工技能请按照以下任务零件图的要求完成如图 3-1-1 所示的零件进行下料，完成圆棒$\phi 6\times 150$ mm 的下料。

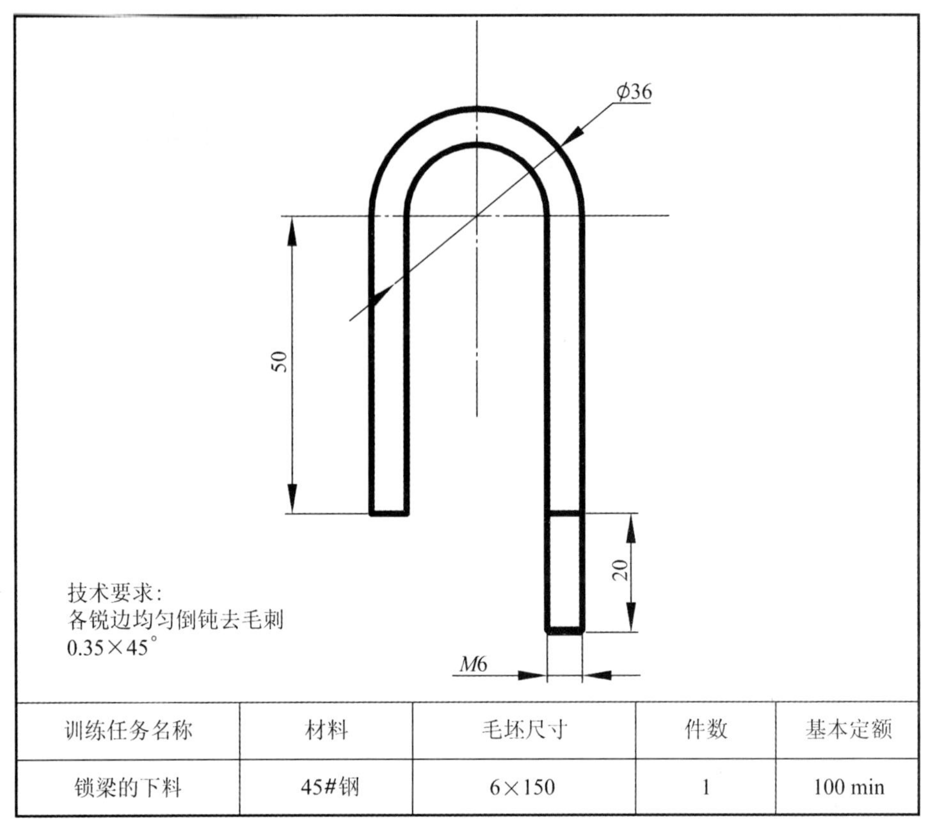

训练任务名称	材料	毛坯尺寸	件数	基本定额
锁梁的下料	45#钢	6×150	1	100 min

图 3-1-1　锁梁的下料

学习活动

下料的方法

下料就是用各种方法将毛坯或工件从原材料上分离下来的工序。常用的下料方法有锯削、砂轮切割、电动钢锯切割、氧气-乙炔气割、锯床切割等，见表 3-1-1。

表 3-1-1　下料的方法

项目	内容	图示说明
锯削	利用锯条手工锯断毛坯或工件，从原材料上分离下来的操作	

续表

项目	内容	图示说明
砂轮切割	此法采用高速旋转的砂轮片切割钢材；砂轮片是用纤维、树脂或橡胶将磨料粘合制成的，在熟练的手工操作中，砂轮可进行快速、准确地切割，而且切割得整齐、无毛刺；利用砂轮仅能进行直线切割，但这对绝大多数用途来说已经足够了	
电动钢锯切割	电动钢锯是钳工的常用工具，可切断较小尺寸的圆钢、角钢、扁钢和工件等	
氧气-乙炔气割	氧气-乙炔气割切割，简称气割，它具有设备简单、灵活方便、质量好等优点，它适用于切割厚度较大、尺寸较长的废钢，如大块废钢板、铸钢件、废锅炉、废钢结构架等；对废汽车解体和旧船舶解体更能发挥其灵活方便的作用，它不受场地狭窄或物件大小的局限，可以在任何场合下进行作业	
锯床切割	锯床是以圆锯片、锯带或锯条等为刀具，锯切金属圆料、方料、管料和型材等的机床；锯床的加工精度一般都不很高，多用于备料车间切断各种棒料、管料等型材	

实践活动

一、实践条件

实践条件见表 3-1-2。

表 3-1-2 实践条件

类别	名称
设备	锯弓、锯条
量具	钢直尺、带表游标卡尺
工具	锯弓、锉刀(大、中、小多规格)、毛刷、钢丝刷
其他	台虎钳、铁锤等

二、实践步骤

锁梁下料实践步骤见表 3-1-3。

表 3-1-3 锁梁下料实践步骤

序号	步骤	操作	图示
1	实践准备	安全教育、分析图样	ϕ36 50 20 M6
2	安装锯条	锯齿向前：手锯是在向前推进时进行切削的，在向后时不起切削作用，因此安装锯条时要保证齿尖的方向向前	
3	下料	完成圆棒 $\phi 6\times150$ mm 的下料	ϕ6 150
4	整理并清洁	完成加工后，正确放置零件，整理工、量具，清洁工作台	—

扫一扫：观看下面的学习视频。

专业对话

1. 谈一谈圆棒下料有哪些方式。针对外径小的棒料是否可以采用手工锯割下料？

2. 谈一谈除圆棒材料之外的薄板类，非金属（尼龙板、塑料板）板料应该采用什么方式下料。

任务评价

考核标准见表 3-1-4。

表 3-1-4　考核标准

序号	检测内容	检测项目	分值	检测量具	自测结果	得分	教师检测结果	得分
1	客观评分 A（主要尺寸）	边距 150±2	10					
2		锯缝的质量	10					
3	客观评分 A（几何公差与表面质量）	外观无划痕/破损	10					
4	主观评分 B（设备及工、量、刃具的维修使用）	工、量具的合理使用与保养	10					
5		锯削的正确操作	10					
6		锯条的安装	10					
7		站立的姿势	10					
8		锯削的速度	10					
9	主观评分 B（安全文明生产）	执行正确的安全操作规程	10					
10		正确“两穿两戴”	10					
11	客观 A 总分		30		客观 A 实际得分			
12	主观 B 总分		70		主观 B 实际得分			
13	总体得分率 AB				评定等级			

续表

序号	检测内容	检测项目	分值	检测量具	自测结果	得分	教师检测结果	得分
评分说明	1. 评分由客观评分 A 和主观评分 B 两部分组成，其中客观评分 A 占 85%，主观评分 B 占 15% 2. 客观评分 A 分值为 10 分、0 分，主观评分 B 分值为 10 分、9 分、7 分、5 分、3 分、0 分 3. 总体得分率 AB：(A 实际得分×85%＋B 实际得分×15%)/(A 总分×85%＋B 总分×15%)×100% 4. 评定等级：根据总体得分率 AB 评定，具体为 AB≥92%＝1，AB≥81%＝2，AB≥67%＝3，AB≥50%＝4，AB≥30%＝5，AB<30%＝6							

拓展活动

根据图样要求，合理选用工、量具，利用钳工技能请按照以下任务零件图的要求完成如图 3-1-2 所示零件的毛坯进行下料，完成圆棒 φ16×10 mm 的下料。

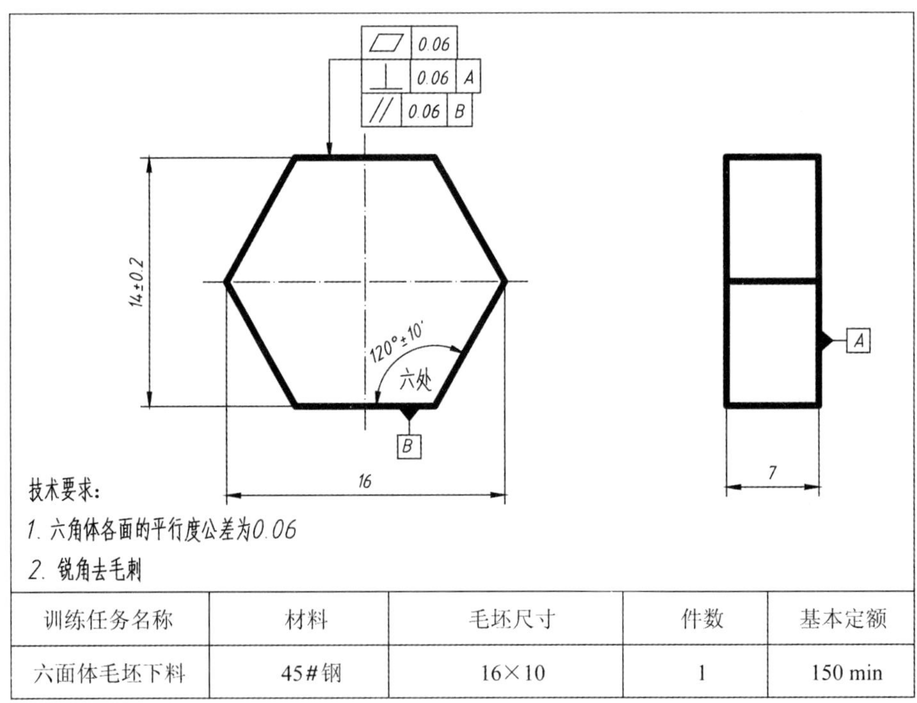

训练任务名称	材料	毛坯尺寸	件数	基本定额
六面体毛坯下料	45#钢	16×10	1	150 min

图 3-1-2　六面体毛坯下料

任务二　锁梁外螺纹的加工

任务目标

利用手动工具加工如图 3-2-1 所示的零件，达到图样所规定的要求。

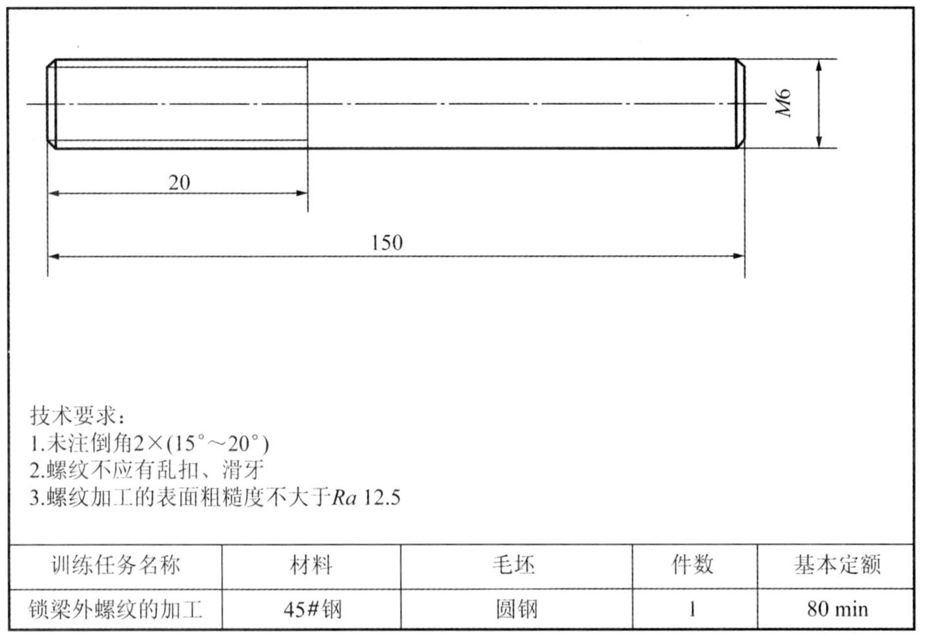

训练任务名称	材料	毛坯	件数	基本定额
锁梁外螺纹的加工	45#钢	圆钢	1	80 min

图 3-2-1　锁梁外螺纹的加工

学习活动

一、 套螺纹工具

套螺纹：用板牙在圆杆或管子外表面切削加工出外螺纹的方法，称为套螺纹，俗称套丝。

1. 圆板牙

圆板牙是加工外螺纹的刀具，常用合金工具钢或高速钢制成并经淬火处理。其外形像一个圆螺母，只是在它上面钻有几个排屑孔并形成切削刃。

圆板牙如图 3-2-2 所示，由切削部分、校准部分和排屑孔组成。

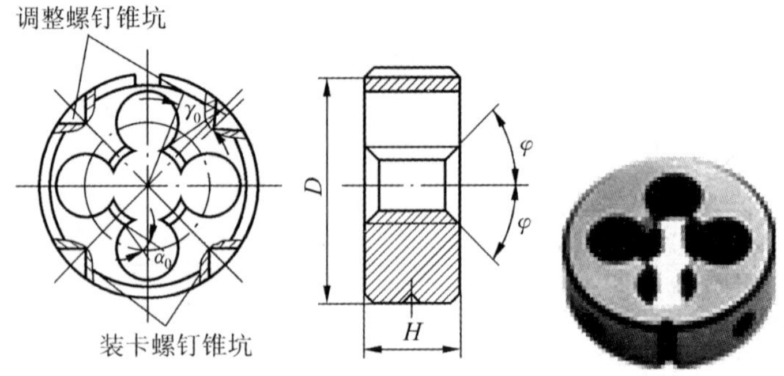

图 3-2-2　圆板牙

2. 板牙架

板牙架是用来装夹板牙的工具，其结构如图 3-2-3 所示。使用时，先放入板牙，后用紧定螺钉紧固，并传递套螺纹时的转矩。

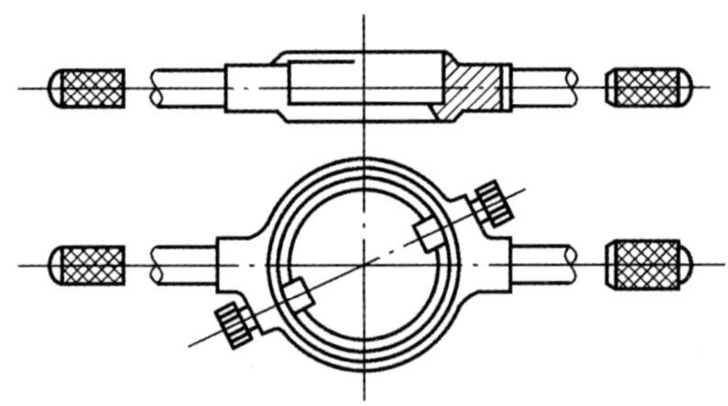

图 3-2-3　板牙架

二、 套螺纹的方法

1. 套螺纹前圆杆直径的确定

(1)套螺纹前必须检查圆杆直径；套螺纹时，由于板牙对工件材料产生挤压，圆杆表面材料会隆起。因此套螺纹前必须检查圆杆直径，应小于螺纹的公称直径。

(2)套普通螺纹圆杆直径计算公式为

$$d_{杆}=d-0.13P$$

式中，$d_{杆}$——圆杆直径；

d——螺纹大径；

P——螺距。

(3)加工 $M10$ 的外螺纹，求圆杆直径是多少?

解：经查表 3-2-1 得，$M10$ 的螺距 P 为 1.5 mm。

圆杆直径 $d_{杆}=d-0.13P=10-0.13\times1.5=9.805$(mm)。

表 3-2-1 套普通螺纹的圆杆直径 单位：mm

螺纹公称直径	螺距 P	圆杆直径	
		圆杆最小直径	圆杆最大直径
$M6$	1.0	5.8	5.9
$M8$	1.25	7.8	7.9
$M10$	1.5	9.75	9.85
$M12$	1.75	11.75	11.9
$M14$	2.0	13.7	13.85
$M16$	2.0	15.7	15.85
$M18$	2.5	17.7	17.85
$M20$	2.5	19.7	19.85
$M22$	2.5	21.7	21.85
$M24$	3.0	23.65	23.8

2. 套螺纹方法

(1)由于套螺纹的切削力较大，且工件为圆杆，一般用 V 形夹板或在钳口上加垫铜钳口，保证可靠夹紧，圆杆套螺纹部分离钳口尽量近些。

(2)为了使板牙容易对准工件和切入材料，圆杆端部应倒成 15°～20°的倒角，如图 3-2-4 所示。倒角的小端直径可略小于螺纹小径，使切出的螺纹端部避免出现锋口和卷边。

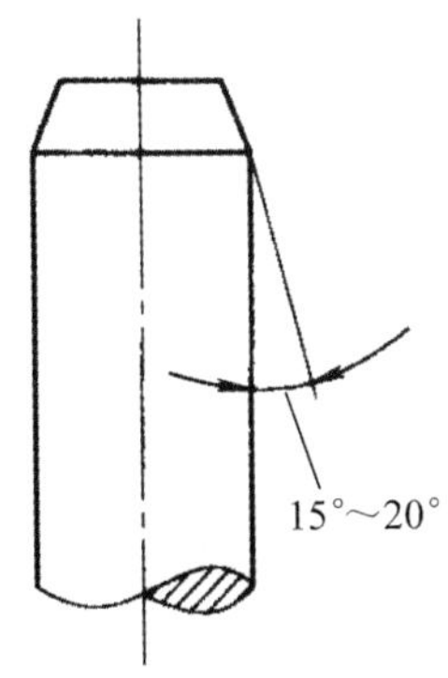

(a) 圆杆端部的倒角

(b) 锉刀修圆杆端部倒角

图 3-2-4 圆杆端部

(3)套螺纹时应保持板牙端面与圆杆轴线垂直，否则套出的螺纹两面会有深浅，甚至乱牙。

(4)在开始套螺纹时，用一手掌按住板牙中心并适当施加压力，另一手配合做顺时针旋转，动作要慢，当板牙切入圆杆 1～2 圈时，目测检查和校正板牙位置。当板牙切入圆杆 3～4 圈时，应停止施加压力，仅平稳地转动板牙架，靠板牙螺纹自然旋进套螺纹。

(5)套螺纹过程中应经常倒转板牙以利断屑，如图 3-2-5 所示。

(6)在钢件上套螺纹时要加切削液，以降低螺纹表面粗糙度和延长板牙寿命。一般选用机油或较浓的乳化液，精度要求高时可用植物油，如图 3-2-6 所示。

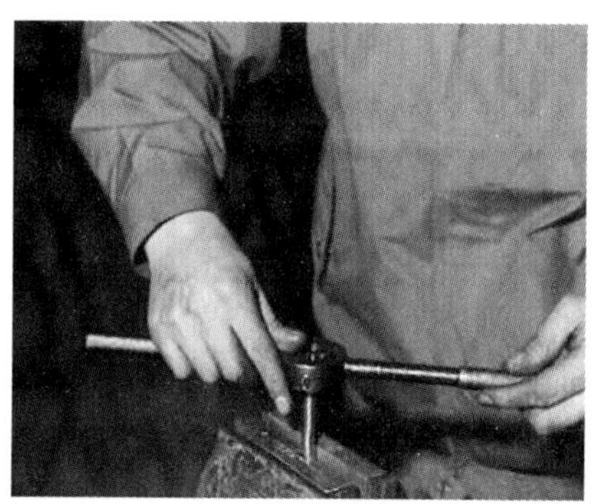

图 3-2-5 板牙转圈

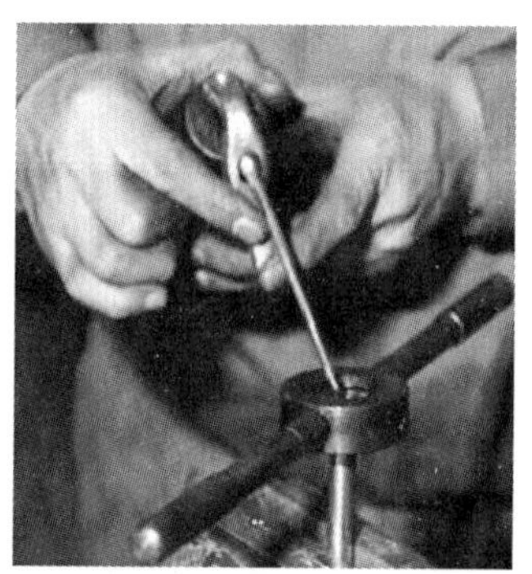

图 3-2-6 加注润滑油

实践活动

一、 实践条件

实践条件见表 3-2-2。

表 3-2-2 实践条件

类别	名称
设备	台虎钳、锯工
量具	高度游标卡尺、游标卡尺、钢直尺、刀口角尺、万能角度尺
工具	板牙架(板牙铰杠)、划针、划规
刀具	板牙、锉刀、锯条
材料	圆钢
其他	切削液、软钳口

二、 实践步骤

1. 挂锁锁梁外螺纹的实践步骤

挂锁锁梁外螺纹的实践步骤见表 3-2-3。

表 3-2-3　挂锁锁梁外螺纹的实践步骤

序号	步骤	说明
1	实践准备	安全教育，分析图样
2	划线操作	按照图样要求划出加工线
3	夹持工件	使用软钳口，可靠夹紧，圆杆套螺纹部分离钳口尽量近些
4	倒角	锉削圆柱面时要尽可能保证圆柱度公差
5	起套	保持板牙端面与圆杆轴线垂直
6	板牙校正	切入 1～2 圈时应检查并校正板牙位置
7	套螺纹	当板牙切入 3～4 圈后，只需转动板牙架，板牙会自动旋进，适当进行润滑
8	倒转断屑	套螺纹过程中要经常倒转半圈以利断屑

2. 套螺纹时产生废品的原因及预防措施

套螺纹时产生废品的原因及预防措施见表 3-2-4。

表 3-2-4　套螺纹时产生废品的原因及预防措施

废品形式	产生废品的原因	预防措施
螺纹烂牙	套螺纹时，圆杆直径太大起套困难	选择合适的圆杆直径
	板牙歪斜太多，强行校正	要多检查校正
	未进行润滑，板牙未经常倒转断屑	加切削液，并多倒转板牙
螺纹形状不完整	套螺纹时，圆杆直径太小	选择合适的圆杆直径
	圆板牙的直径调节太大	正确调节圆板牙的直径
套螺纹时螺纹歪斜	板牙端面与圆杆不垂直	保持板牙端面与圆杆垂直
	两手用力不均匀，板牙歪斜	两手用力均匀，保持平衡

三、 注意事项

(1)每次套螺纹前应将板牙排屑槽内及螺纹内的切屑清除干净。

(2)套螺纹前要检查圆杆直径大小和端部倒角。

(3)套螺纹时应保持板牙端面与圆杆轴线垂直。

(4)开始时为了使板牙切入工件，要在转动板牙时施加轴向压力，待板牙切入工件后不再施压。

(5)套螺纹时板牙要经常倒转断屑和清屑，同时加切削液。

(6)做到安全文明操作。

专业对话

1. 谈一谈在日常生活中有哪些地方需要套螺纹。

2. 谈一谈在套螺纹时，经常出现的问题以及产生的原因。

任务评价

考核标准见表 3-2-5。

表 3-2-5 考核标准

序号	检测内容	检测项目	分值	检测量具	自测结果	得分	教师检测结果	得分
1	客观评分 A(主要尺寸)	20	10					
2		150	10					
3		$M6$	10					
4		倒角 2×(15°～20°)	10					
5	客观评分 A(几何公差与表面质量)	螺纹表面垂直度	10					
6		粗糙度≤Ra12.5	10					
7		螺纹无乱扣、滑牙	10					
8	主观评分 B(设备及工、量、刃具的维修使用)	工、量、刃具的合理使用与保养	10					
9		板牙的正确操作	10					
10	主观评分 B(安全文明生产)	操作文明安全正确	10					
11		工、量、刃具摆放整齐	10					
12		正确“两穿两戴”	10					

续表

序号	检测内容	检测项目	分值	检测量具	自测结果	得分	教师检测结果	得分
13	客观 A 总分		70		客观 A 实际得分			
14	主观 B 总分		50		主观 B 实际得分			
15	总体得分率 AB				评定等级			
评分说明	1. 评分由客观评分 A 和主观评分 B 两部分组成，其中客观评分 A 占 85%，主观评分 B 占 15% 2. 客观评分 A 分值为 10 分、0 分，主观评分 B 分值为 10 分、9 分、7 分、5 分、3 分、0 分 3. 总体得分率 AB：(A 实际得分×85%＋B 实际得分×15%)/(A 总分×85%＋B 总分×15%)×100% 4. 评定等级：根据总体得分率 AB 评定，具体为 AB≥92%＝1，AB≥81%＝2，AB≥67%＝3，AB≥50%＝4，AB≥30%＝5，AB<30%＝6							

拓展活动

利用钳工如图 3-2-7 所示的零件，达到图样所规定的要求。

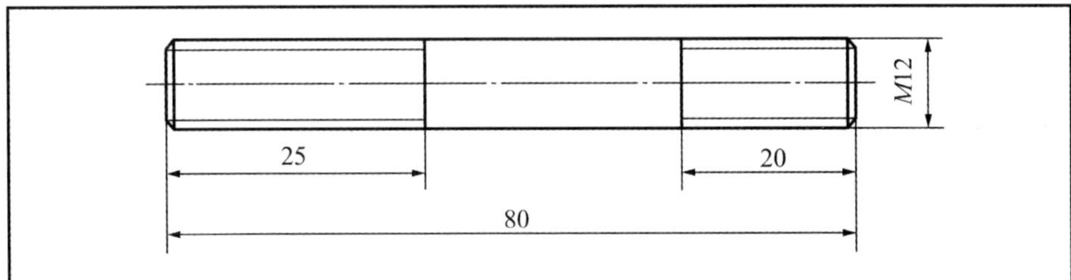

技术要求：
1.未注倒角2×(15°～20°)
2.螺纹不应有乱扣、滑牙
3.螺纹加工的表面粗糙度*Ra*不大于12.5μm

训练任务名称	材料	毛坯尺寸	件数	基本定额
锁梁外螺纹的加工	45#钢	12×80	1	120 min

图 3-2-7　锁梁外螺纹的加工

任务三　锁梁弯形的加工

任务目标

利用手动工具加工如图 3-3-1 所示的零件，达到图样所规定的要求。

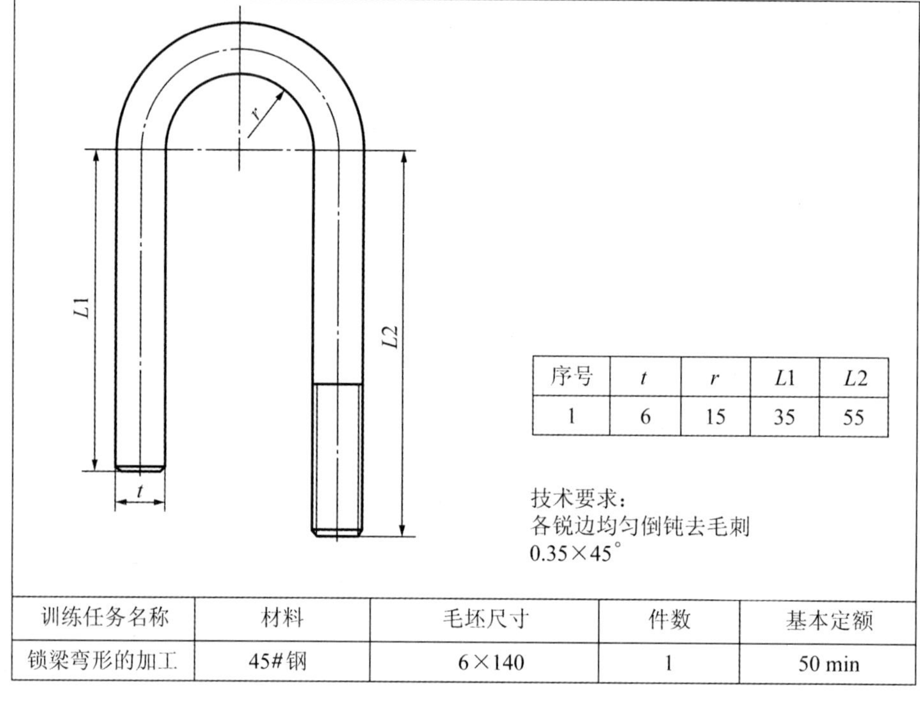

序号	t	r	$L1$	$L2$
1	6	15	35	55

训练任务名称	材料	毛坯尺寸	件数	基本定额
锁梁弯形的加工	45#钢	6×140	1	50 min

图 3-3-1　锁梁弯形的加工

学习活动

一、矫正

1. 矫正的概念

消除条料、棒料或板料弯曲、翘曲、凹凸不平等缺陷的加工方法，称为矫正。

手工矫正由钳工用手锤在平台、铁砧或在台虎钳等工具上进行，包括扭转、弯曲、延展和伸张四种操作。根据工件变形情况，有时单独用一种方法，有时几种方法并用，使工件恢复到原来的平整度。

2. 矫正的实质

金属变形分为两种类型。

(1)弹性变形。在外力作用下，材料发生变形，外力去除，变形就恢复了。这种可以恢复到原来状态的变形称为弹性变形。弹性变形量一般是较小的。

(2)塑性变形。当外力超过一定数值，外力去除后，材料变形不能完全恢复。这种不能恢复到原来状态的变形称为塑性变形。

矫正是使工件材料发生塑性变形，将原来不平直的变为平直。因此只有塑性好的材料才能进行矫正。而塑性差的材料如铸铁、淬硬钢等就不能矫正，否则工件会断裂。

矫正时不仅改变了工件的形状，而且使工件材料的性质也发生了变化。矫正后，金属材料表面硬度增加，也变脆了。这种在冷加工塑性变形过程中产生的材料变硬、性质变脆的现象叫作冷作硬化现象。

因此，矫正的实质是让金属材料产生一种新的塑料变形，来消除原来不应存在的塑料变形。

3. 矫正的工具

(1)支承工件的工具，如铁砧、矫正平板、V 形铁等。

(2)加力用的工具，如软、硬手锤和压力机，一般用圆头硬手锤。矫正已经加工过的表面、矫正薄钢件或有色金属制件，应该采用软手锤(如铜锤、木锤等)。另外还可用压力机进行机器矫正。

(3)检验用的工具，如平板、直角尺、钢直尺和百分表等。

4. 矫正的方法

矫正的方法见表 3-3-1。

表 3-3-1　矫正的方法

矫正方法	图示	说明
扭转法		用于矫正受扭曲变形的条料

续表

矫正方法	图示	说明
伸张法		用于矫正细长线料
弯形法		用于矫正各种弯曲棒料和在宽度方向上弯曲的条料
延展法		用锤子敲击材料，使其延展伸长达到矫正的目的，也称锤击矫正法

矫正注意事项如下。

(1)矫正时要看准变形的部位，分层次进行矫正，不可弄反。

(2)对已加工工件进行矫正时，要注意保持工件的表面质量，不能有明显的锤击印迹。

(3)矫正时，不能超过材料的变形极限。

5. 矫正的质量分析

矫正时产生废品种类及产生废品的原因见表 3-3-2。

表 3-3-2 矫正的质量分析

废品种类	产生废品的原因
工件表面留有麻点或锤痕	锤头表面不光滑
	锤击时手锤歪斜，用锤头的边缘锤击材料
	对加工过的表面或有色金属矫正时用硬锤直接锤击等造成的
工件断裂	工件塑性较差
	矫正过程中多次折弯，破坏了金属组织

二、 弯形

1. 弯形的概念

将棒料、板料、条料、管子等弯曲成所要求形状的零件，这种操作方法称为弯形。弯形是使材料产生塑性变形，因此只有塑性好的材料才能进行弯形。

如图 3-3-2 所示，弯形后外层材料伸长，内层材料缩短。而中间层材料在弯形时长度不变，称为中性层。弯形虽然是塑性变形，但也有弹性变形，为抵消材料的弹性变形，弯形过程中应多弯一些。

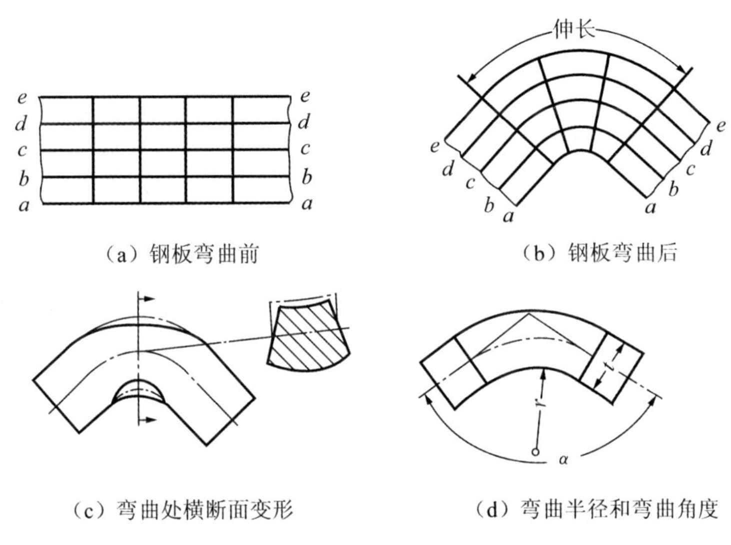

（a）钢板弯曲前　（b）钢板弯曲后

（c）弯曲处横断面变形　（d）弯曲半径和弯曲角度

图 3-3-2　弯形前后对比

2. 弯形的方法

弯形的方法有两种：冷弯和热弯。

冷弯——在常温下进行弯形工作，称为冷弯。

热弯——将工件的弯形部分加热，呈现樱红色，然后进行弯形，称为热弯。

一般厚度在 5 mm 以上的板料须进行热弯，热弯一般都由锻工进行，通常情况下钳工只进行冷弯的操作，见表 3-3-3。

表 3-3-3 弯形方法

<table>
<tr><th>弯形方法</th><th>图示 1</th><th>图示 2</th><th>图示 3</th></tr>
<tr><td rowspan="2">弯直角工件</td><td>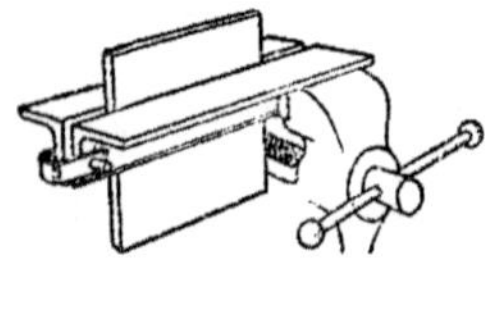</td><td></td><td></td></tr>
<tr><td>用角铁夹持弯直角</td><td>弯上段较长的直角件</td><td>弯上段较短的直角件</td></tr>
<tr><td rowspan="2">弯多直角工件</td><td>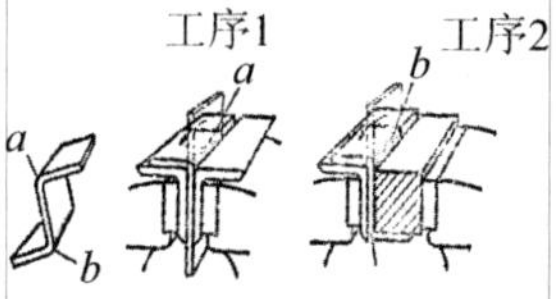</td><td>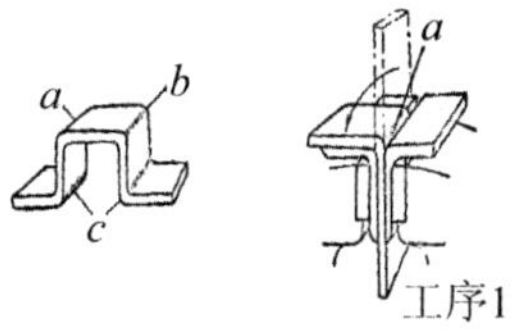</td><td>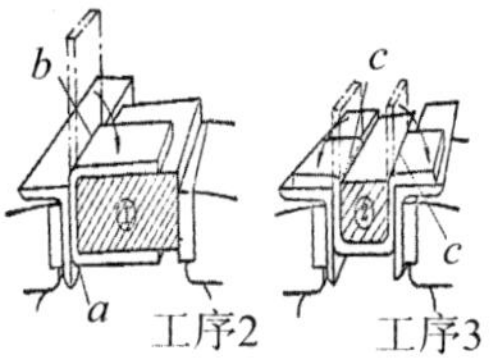</td></tr>
<tr><td>弯 Z 形工件</td><td colspan="2">弯几形工件</td></tr>
<tr><td rowspan="2">弯圆弧形工件</td><td>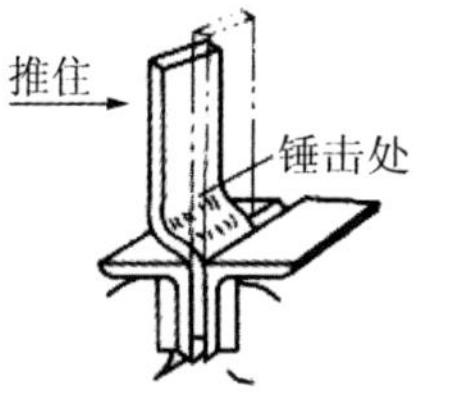</td><td>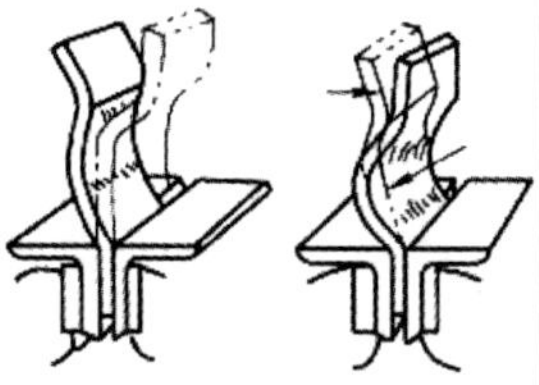</td><td>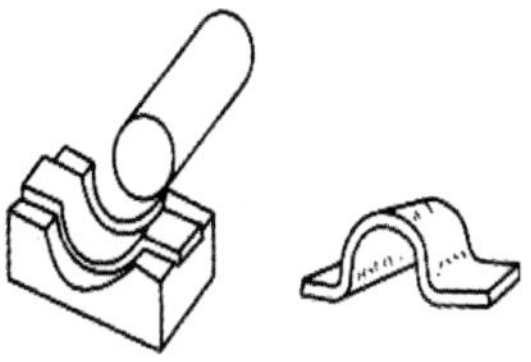</td></tr>
<tr><td>推住、锤击</td><td>逐步成形</td><td>在圆模上修整成品</td></tr>
<tr><td rowspan="2">弯管子（直径≥13 mm）</td><td>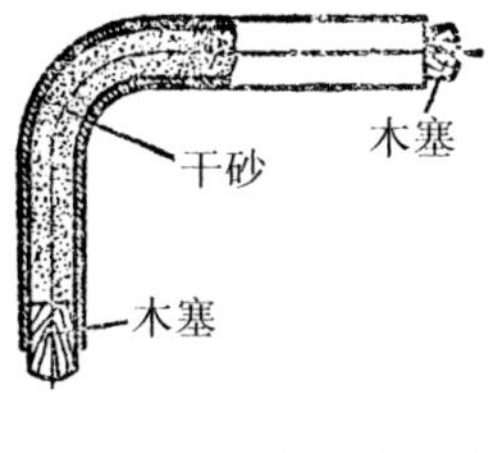</td><td>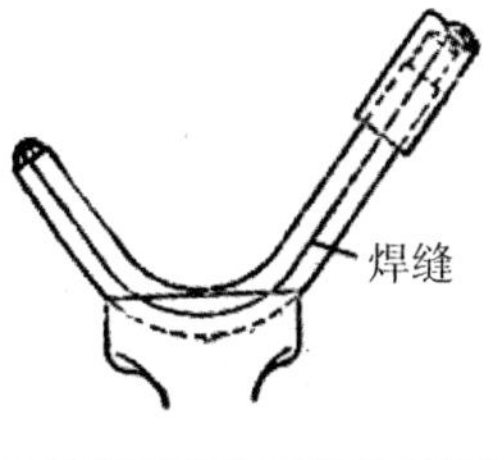</td><td>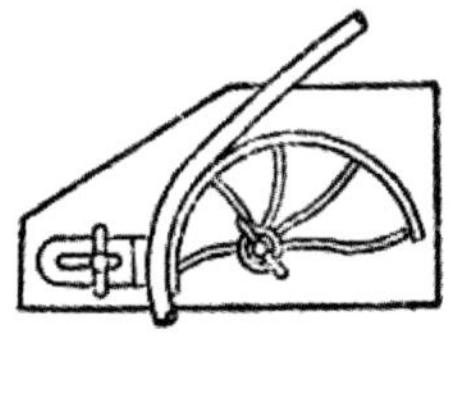</td></tr>
<tr><td>弯管灌砂</td><td colspan="2">冷弯焊缝管子</td></tr>
</table>

3. 弯形的质量分析

弯形的质量分析见表 3-3-4 所示。

表 3-3-4 弯形的质量分析

废品种类	产生废品的原因
工件弯缝弯斜或尺寸不准确	夹持不正或夹持不紧，锤击偏向一边
	用不正确的模型，锤击力过重等造成
工件弯形部位发生断裂	弯形过程中多次折弯，破坏了金属组织
	锤击力过大
	弯形方向搞错，再向反方向弯形时引起断裂
	工件塑性较差
管子有瘪痕或焊缝裂纹	砂子没灌满
	尺寸有误差，受力点不对
	弯曲半径偏小，重弯使管子产生瘪痕
	管子焊缝没有放在中性层位置上进行弯形
管子熔化或表面严重氧化	管子热弯温度太高造成
材料毛坯长度不够	弯形前毛坯长度计算错误

4. 弯形前毛坯长度的计算

如果毛坯的展开长度在图样上未注明，则必须以计算的方法求出，然后才能下料和弯形。在计算时，可将图样上工件形状分为几段最简单的几何形状，由于弯形时中性层长度不变，因此在计算弯形工件毛坯长度时，只计算各段中性层的长度，相加后的值即为毛坯的总长度。

(1)对于工件弯成内边带圆弧的制件时，内边带圆弧制件毛坯的总长度等于直线部分和圆弧部分中性层长度相加之和。实验证明，圆弧部分中性层的实际位置与材料的弯曲半径 r 和材料厚度 t 有关。因此，圆弧部分中性层长度 A 的计算为

$$A=\pi(r+X_0t)a/180°\text{(因圆的周长 }A=2\pi r=\pi D=\pi r360°/180°)$$

式中 A——圆弧部分中性层长度(mm)；

r——内边弯形半径(mm)；

X_0——中性层位置系数(见表 3-3-5)；

t——材料厚度(或棒料直径)(mm)；

a——弯形角(即弯形中心角)。

表 3-3-5 中性层位置系数

r/t	0.25	0.5	0.8	1	2	3	4	5	6	7	8	10	12	14	16
X_0	0.1	0.25	0.3	0.35	0.37	0.4	0.41	0.43	0.44	0.45	0.46	0.47	0.48	0.49	0.5

(2)对于工件弯成内边不带圆弧的直角制件时，其弯形部分中性层长度可按弯形前后毛坯体积不变的原理进行计算，一般采用经验公式：$A=0.5t$。

5. 弯形毛坯长度的计算举例

【例 1】把厚度 $t=4$ mm 的钢板坯料弯成图 3-3-3(a)中所示，若弯形角 $a=120°$，内弯形半径 $r=16$ mm，边长 $l_1=60$ mm、$l_2=120$ mm。求弯形毛坯长度 l 是多少？

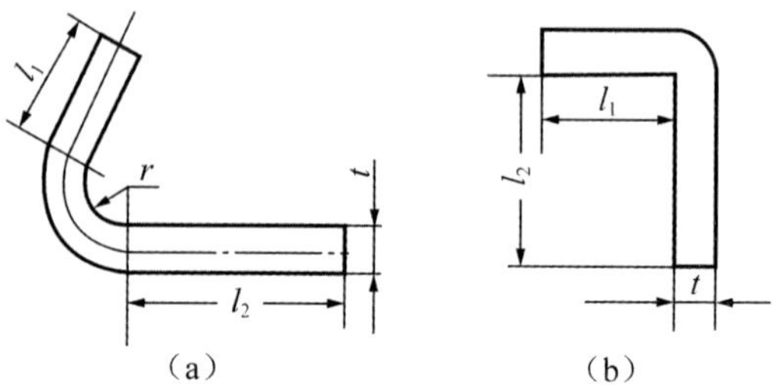

图 3-3-3　弯形

解：$r/t=16/4=4$，查表 3-3-5 得 $X_0=0.41$。

因为 $l=l_1+l_2+A$，

$A=\pi(r+X_0 t)a/180°$，

$A=3.14\times(16+0.41\times4)\times120°/180°$

$=3.14\times17.64\times2/3\approx36.93$(mm)，

所以弯形毛坯长度 $l\approx60+120+36.93\approx216.93$(mm)。

【例 2】求如图 3-3-3(b)所示工件的毛坯长度，$l_1=55$ mm，$l_2=90$ mm，$t=3$ mm。

解：毛坯长度 $l=l_1+l_2+0.5t=55+90+1.5=146.5$(mm)。

实践活动

一、 实践条件

实践条件见表 3-3-6。

表 3-3-6　实践条件

类别	名称
设备	台虎钳、手锯、压力机、弯管工具
量具	高度游标卡尺、游标卡尺、钢直尺、刀口角尺、万能角度尺
工具	矫正平板、铁砧、软手锤(木锤、铜锤)、硬手锤、划针、划规

续表

类别	名称
刃具	锉刀、锯条
材料	圆钢棒料、板料、条料
其他	切削液、软钳口

二、实践步骤

挂锁锁梁弯形的实践步骤见表 3-3-7。

表 3-3-7　挂锁锁梁弯形的实践步骤

序号	步骤	说明
1	实践准备	安全教育，分析图样
2	划线操作	按照图样要求划出加工线
3	夹持工件	按照划线夹入软钳口里，线应和钳口对齐，夹持两边与钳口垂直
4	垫入套筒	垫入与弯形直径一样大小的套筒，置于弯形圆弧中间划线处
5	弯形角度	扶持套筒，用木锤敲打将工件弯成 U 形，逐步达到图样要求
6	锁梁弯形	检查并校正锁梁弯形的两头锁杆是否达到平行要求

三、注意事项

(1)认真分析图样，确定弯形方法和相关工艺。

(2)手工弯形注意安全，合理使用手工工具，保证落料准确，弯形完整到位。

(3)锁杆利用台虎钳夹紧力弯曲成形时，一定要注意弯曲线与锁杆轴线对齐。

(4)进行弯形锤击时，必须用手扶住圆钢上端，避免发生弹跳。

(5)两端锁杆必须保证平行。

(6)掌握好弯形中常见的问题及其产生的原因，在操作中加以注意。

(7)做到安全文明操作。

专业对话

1. 谈一谈你对金属材料的变形认识。

2. 谈一谈在弯形操作时，经常出现的问题以及产生的原因。

任务评价

考核标准见表 3-3-8。

表 3-3-8 考核标准

<table>
<tr><th>序号</th><th>检测内容</th><th>检测项目</th><th>分值</th><th>检测量具</th><th>自测结果</th><th>得分</th><th>教师检测结果</th><th>得分</th></tr>
<tr><td>1</td><td rowspan="4">客观评分 A（主要尺寸）</td><td>$r15$ mm</td><td>10</td><td></td><td></td><td></td><td></td><td></td></tr>
<tr><td>2</td><td>$t6$ mm</td><td>10</td><td></td><td></td><td></td><td></td><td></td></tr>
<tr><td>3</td><td>$l_1 135$ mm</td><td>10</td><td></td><td></td><td></td><td></td><td></td></tr>
<tr><td>4</td><td>$l_2 255$ mm</td><td>10</td><td></td><td></td><td></td><td></td><td></td></tr>
<tr><td>5</td><td rowspan="3">客观评分 A（几何公差与表面质量）</td><td>锁梁表面光滑</td><td>10</td><td></td><td></td><td></td><td></td><td></td></tr>
<tr><td>6</td><td>锁梁无划痕</td><td>10</td><td></td><td></td><td></td><td></td><td></td></tr>
<tr><td>7</td><td>螺纹端螺纹无损坏</td><td>10</td><td></td><td></td><td></td><td></td><td></td></tr>
<tr><td>8</td><td rowspan="2">主观评分 B（设备及工、量、刃具的维修使用）</td><td>工、量、刃具的合理使用与保养</td><td>10</td><td></td><td></td><td></td><td></td><td></td></tr>
<tr><td>9</td><td>套筒的正确操作</td><td>10</td><td></td><td></td><td></td><td></td><td></td></tr>
<tr><td>10</td><td rowspan="3">主观评分 B（安全文明生产）</td><td>操作文明安全正确</td><td>10</td><td></td><td></td><td></td><td></td><td></td></tr>
<tr><td>11</td><td>工、量、刃具摆放整齐</td><td>10</td><td></td><td></td><td></td><td></td><td></td></tr>
<tr><td>12</td><td>正确“两穿两戴”</td><td>10</td><td></td><td></td><td></td><td></td><td></td></tr>
<tr><td>13</td><td colspan="2">客观 A 总分</td><td colspan="2">70</td><td colspan="2">客观 A 实际得分</td><td colspan="2"></td></tr>
<tr><td>14</td><td colspan="2">主观 B 总分</td><td colspan="2">50</td><td colspan="2">主观 B 实际得分</td><td colspan="2"></td></tr>
<tr><td>15</td><td colspan="2">总体得分率 AB</td><td colspan="2"></td><td colspan="2">评定等级</td><td colspan="2"></td></tr>
<tr><td>评分说明</td><td colspan="8">1. 评分由客观评分 A 和主观评分 B 两部分组成，其中客观评分 A 占 85%，主观评分 B 占 15%
2. 客观评分 A 分值为 10 分、0 分，主观评分 B 分值为 10 分、9 分、7 分、5 分、3 分、0 分
3. 总体得分率 AB：(A 实际得分×85%＋B 实际得分×15%)/(A 总分×85%＋B 总分×15%)×100%
4. 评定等级：根据总体得分率 AB 评定，具体为 AB≥92%＝1，AB≥81%＝2，AB≥67%＝3，AB≥50%＝4，AB≥30%＝5，AB<30%＝6</td></tr>
</table>

拓展活动

利用钳工如图 3-3-4 所示的零件，达到图样所规定的要求。

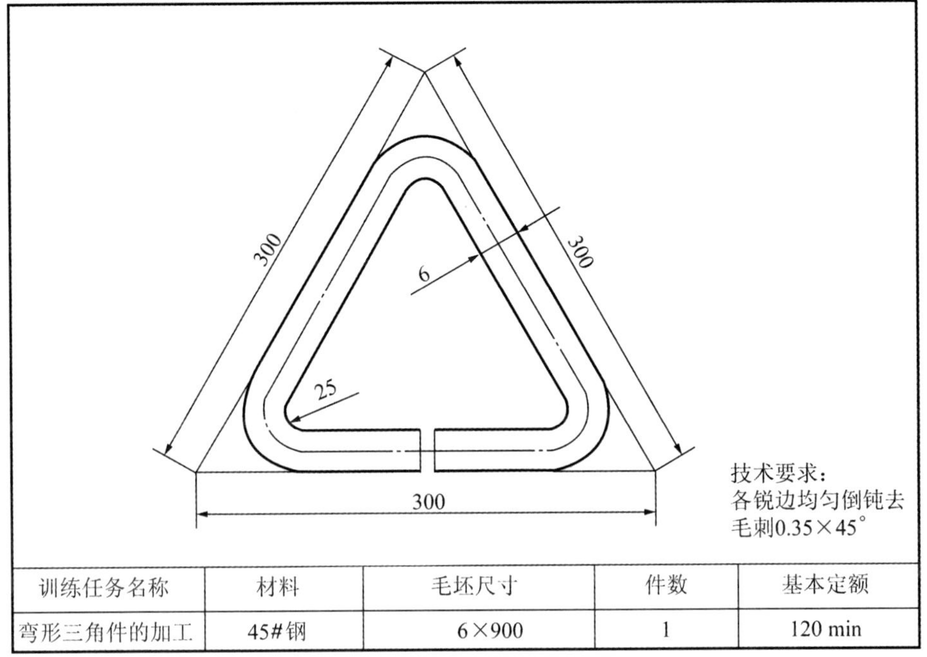

训练任务名称	材料	毛坯尺寸	件数	基本定额
弯形三角件的加工	45#钢	6×900	1	120 min

图 3-3-4　弯形三角件的加工

项目四
六角螺母的加工

项目导航

本项目任务中要求以钳工的方式加工挂锁中的六角螺母，其中需要用到锯削、划线、钻削、锉削以及攻内螺纹等多种钳工方式，从而锻炼学生的综合技能。

学习要点

1. 万能角度尺的使用。
2. 六面形体的加工。
3. 内螺纹的加工。
4. 挂锁六角螺母的加工。

任务一 万能角度尺的使用

任务目标

1. 了解万能角度尺的工作原理。
2. 学会万能角度尺的调整和使用方法。
3. 熟练掌握使用万能角度尺测量锥度的方法。
4. 掌握万能角度尺的保养常识。

学习活动

一、 万能角度尺的结构

万能角度尺的结构如图 4-1-1 所示，它由尺身 1、90°角尺 2、游标 3、制动器 4、基尺 5、直尺 6、卡块 7、捏手 8、小齿轮 9、扇形齿轮 10 等组成。

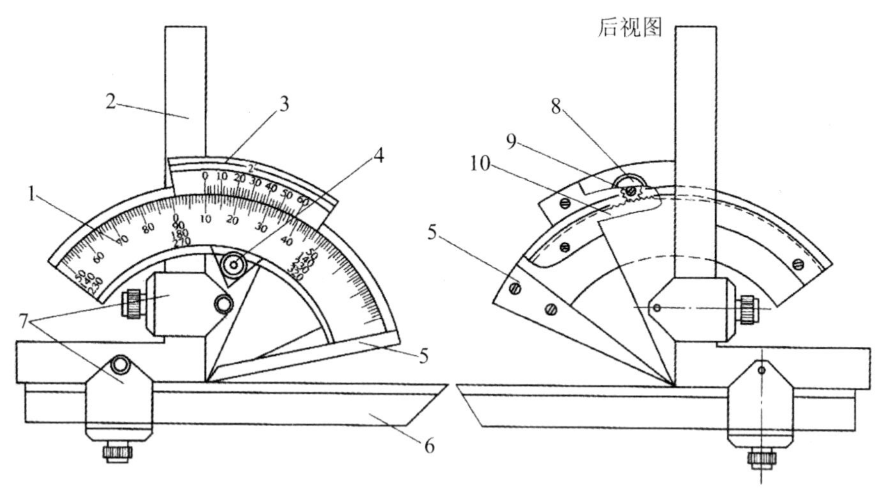

图 4-1-1　万能角度尺

二、 万能角度尺的刻线原理和读数方法

万能角度尺的测量精度有 5′和 2′两种。精度为 2′的万能角度尺的刻线原理是尺身刻线每格 2′，游标刻线是将尺身上所占的弧长等分为 30 格，每格所对的角度为(29/30)′，因此游标 1 格与尺身 1 格相差 2′，即万能角度尺的测量精度为 2′。

万能角度尺的刻度原理和读数方法与游标卡尺的读数方法相似，即先从尺身上读出游标零刻度线左边的刻度整数，然后在游标上读出数值(格数×2′)，两者相加就是被测工件的角度数值，如图 4-1-2 所示。

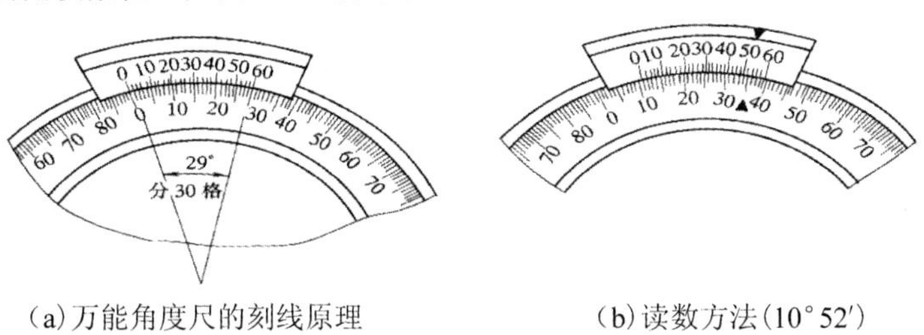

图 4-1-2　万能角度尺的刻线原理和读数方法

三、 万能角度尺的测量范围

游标万能角度尺有Ⅰ型、Ⅱ型两种，其测量范围分别为 0°～320°和 0°～360°。Ⅰ型万能角度尺的测量范围及方法见表 4-1-1。

表 4-1-1　Ⅰ型万能角度尺测量范围及方法

测量范围	图示
0°～50°	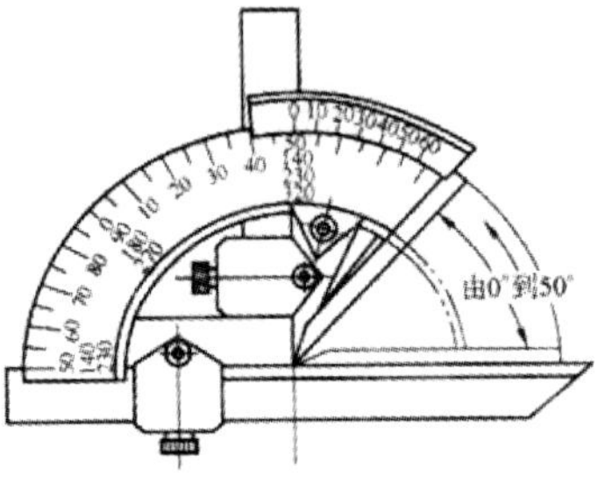 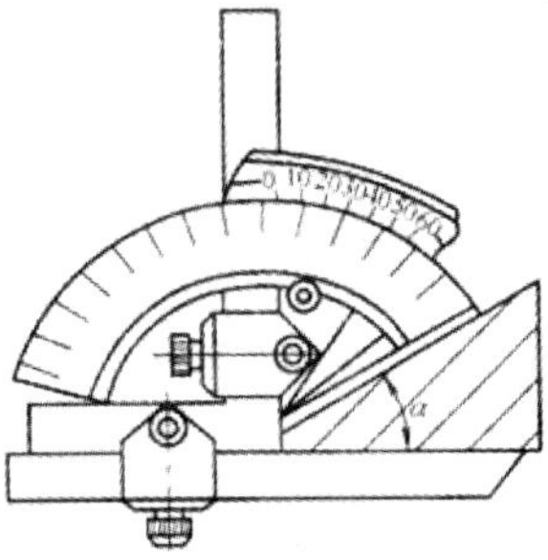 由0°到50°　α
50°～140°	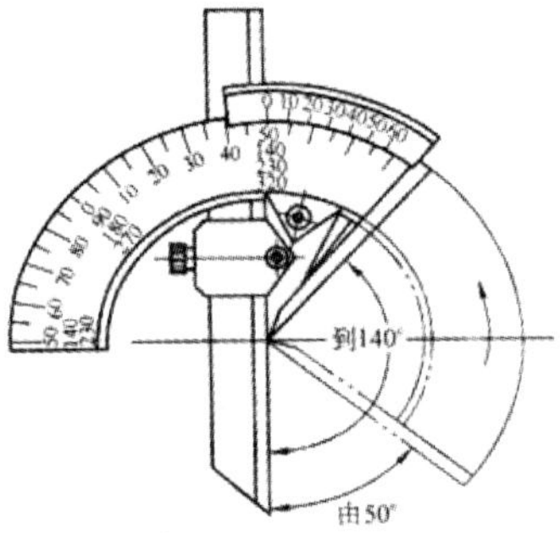 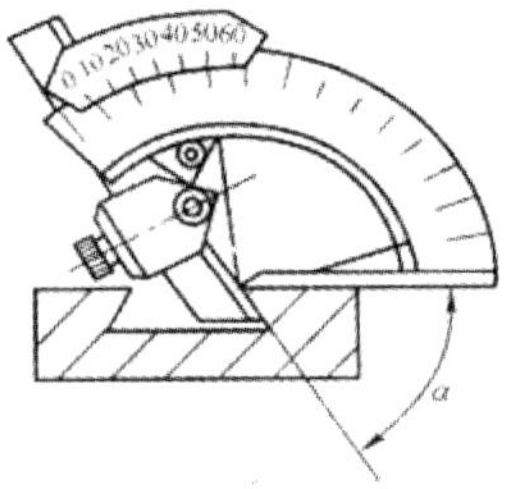 到140°　由50°　α
140°～230°	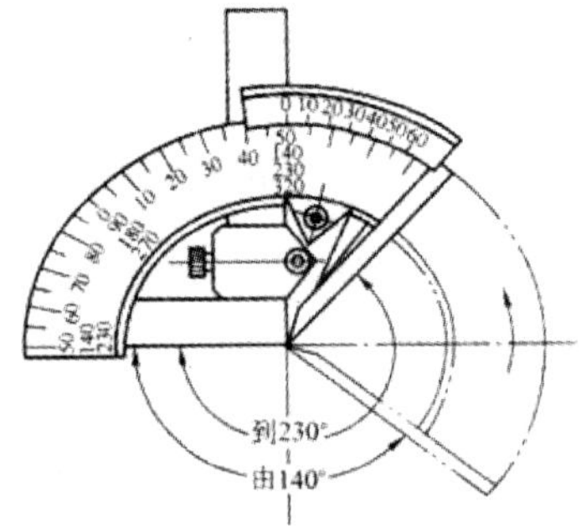 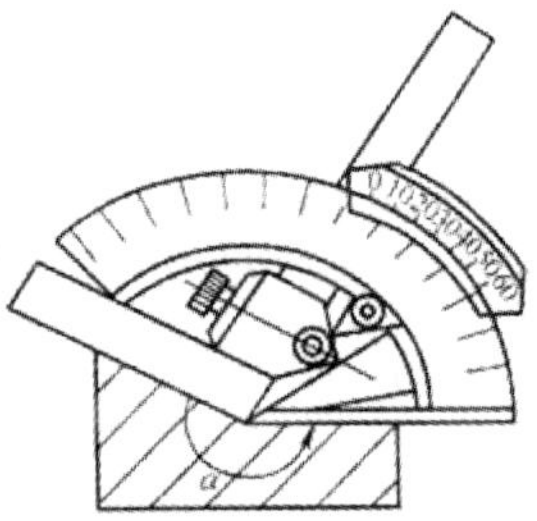 到230°　由140°　α
230°～320°	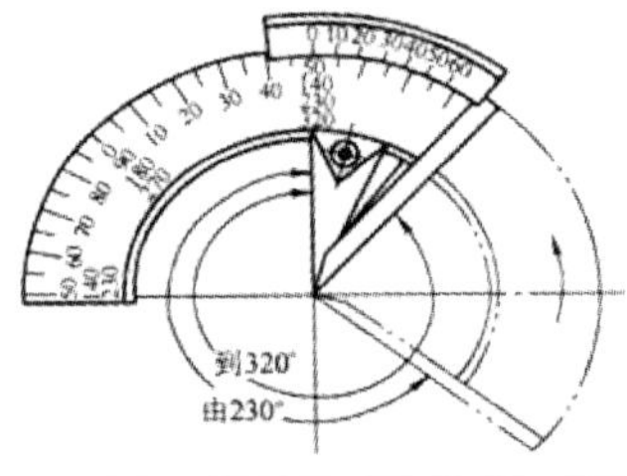 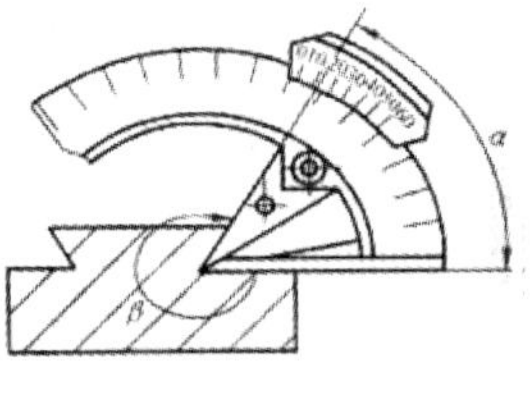 到320°　由230°　α　β

实践活动

一、实践条件

实践条件见表 4-1-2。

表 4-1-2　实践条件

类别	名称
设备	无
量具	万能角度尺
工具	各种带锥度的零件

二、实践步骤

步骤 1：使用前，先用清洁纱布将内径百分表擦干净，然后检查其各活动部分是否灵活可靠。

步骤 2：分组分发带锥度的零件。

步骤 3：应根据零件形状灵活掌握，根据工件角度大小范围确定其组装结构，然后进行测量。

步骤 4：总结测量时出现的问题。

步骤 5：量具保养。

三、注意事项

(1)根据测量工件的不同角度正确选用直尺和 90°角尺。

(2)使用前要检查尺身和游标的零线是否对齐，基尺和直尺是否漏光。

(3)测量时，工件应与角度尺的两个测量面在全长上接触良好，避免误差。

专业对话

1. 结合实际测量使用情况，谈一谈万能角度尺使用过程中的注意事项。

2. 谈一谈企业在锥度测量方面，主要使用哪些测量工具。

任务评价

考核标准见表 4-1-3。

表 4-1-3 考核标准

<table>
<tr><th>序号</th><th>检测内容</th><th>检测项目</th><th>分值</th><th>评分标准</th><th>自测结果</th><th>得分</th><th>教师检测结果</th><th>得分</th></tr>
<tr><td>1</td><td rowspan="5">客观评分 A（主要尺寸）</td><td>测量精度 1</td><td>10</td><td>超差不得分</td><td></td><td></td><td></td><td></td></tr>
<tr><td>2</td><td>测量精度 2</td><td>10</td><td>超差不得分</td><td></td><td></td><td></td><td></td></tr>
<tr><td>3</td><td>测量精度 3</td><td>10</td><td>超差不得分</td><td></td><td></td><td></td><td></td></tr>
<tr><td>4</td><td>测量精度 4</td><td>10</td><td>超差不得分</td><td></td><td></td><td></td><td></td></tr>
<tr><td>5</td><td>测量精度 5</td><td>10</td><td>超差不得分</td><td></td><td></td><td></td><td></td></tr>
<tr><td>6</td><td rowspan="2">主观评分 B（工作内容）</td><td>测量姿势</td><td>10</td><td>酌情扣分</td><td></td><td></td><td></td><td></td></tr>
<tr><td>7</td><td>测量速度</td><td>10</td><td>酌情扣分</td><td></td><td></td><td></td><td></td></tr>
<tr><td>8</td><td rowspan="2">主观评分 B（安全文明生产）</td><td>正确“两穿两戴”</td><td>10</td><td>穿戴整齐、紧扣、紧扎</td><td></td><td></td><td></td><td></td></tr>
<tr><td>9</td><td>执行正确的安全操作规程</td><td>10</td><td>视规范程度给分</td><td></td><td></td><td></td><td></td></tr>
<tr><td>10</td><td colspan="2">客观 A 总分</td><td colspan="2">50</td><td colspan="2">客观 A 实际得分</td><td colspan="2"></td></tr>
<tr><td>11</td><td colspan="2">主观 B 总分</td><td colspan="2">40</td><td colspan="2">主观 B 实际得分</td><td colspan="2"></td></tr>
<tr><td>12</td><td colspan="2">总体得分率 AB</td><td colspan="2"></td><td colspan="2">评定等级</td><td colspan="2"></td></tr>
<tr><td>评分说明</td><td colspan="8">1. 评分由客观评分 A 和主观评分 B 两部分组成，其中客观评分 A 占 85%，主观评分 B 占 15%
2. 客观评分 A 分值为 10 分、5 分、0 分，主观评分 B 分值为 10 分、9 分、7 分、5 分、3 分、0 分
3. 总体得分率 AB：(A 实际得分×85%＋B 实际得分×15%)/(A 总分×85%＋B 总分×15%)×100%
4. 评定等级：根据总体得分率 AB 评定，具体为 AB≥92%＝1，AB≥81%＝2，AB≥67%＝3，AB≥50%＝4，AB≥30%＝5，AB<30%＝6</td></tr>
</table>

拓展活动

一、选择题

1. 检验一般精度的圆锥面角度时，常采用(　　)测量。

A. 千分尺　　B. 圆锥量规

C. 游标万能角度尺　　D. 游标卡尺

2. 测量外圆锥体的量具有检验平板、两个直径相同圆柱形检验棒、(　　)尺等。

A. 直角　　B. 深度

C. 千分　　D. 钢板

3. 用正弦规检验锥度的量具有检验平板、(　　)规、量块、百分表、活动表架等。

A. 正弦　　　　B. 塞

C. 环　　　　D. 圆

4. 对配合精度要求较高的锥度零件，用(　　)检验。

A. 涂色法　　　　B. 游标万能角度尺

C. 角度样板　　　　D. 专用量规

二、 简答题

简述万能角度尺的使用步骤及产生误差的原因。

任务二 六面形体的加工

任务目标

利用钳工技能完成如图 4-2-1 所示的零件，并达到图样所规定的要求。

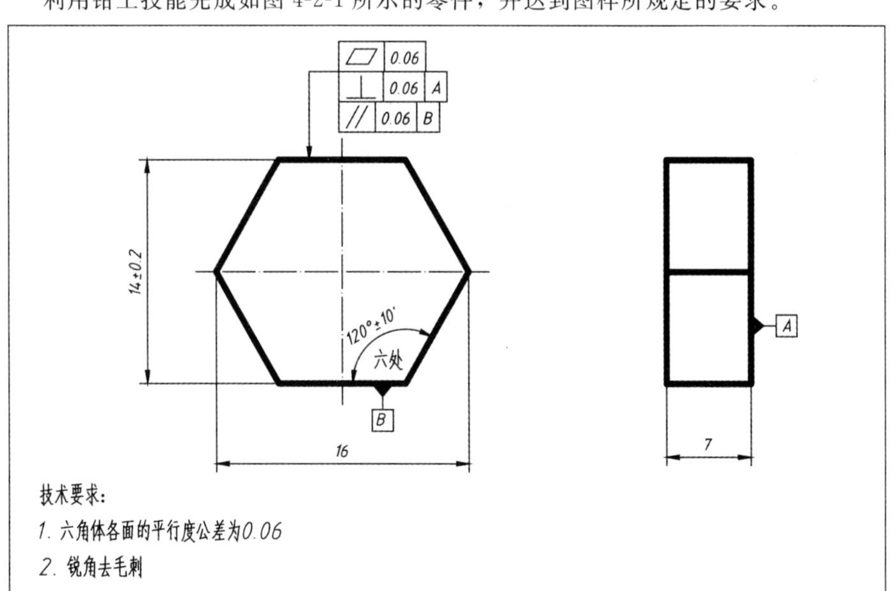

训练任务名称	材料	毛坯尺寸	件数	基本定额
六面形体的加工	45#钢	20×10	1	150 min

图 4-2-1　六面形体的加工

学习活动

一、 六面形体锉削

1. 六角形工件的划线方法

在圆料工件上划内接正六角形方法。将工件安放在 V 形体上，调整高度游标划线尺至中心位置，划出中心线，如图 4-2-2(a)所示，并记下高度尺的尺寸数值，按六角形对边距离，调整高度尺划出与中心线平行的六角形体二对边线，如图 4-2-2(b)所示，然后依次连接圆上各交点，如图 4-2-2(c)所示。

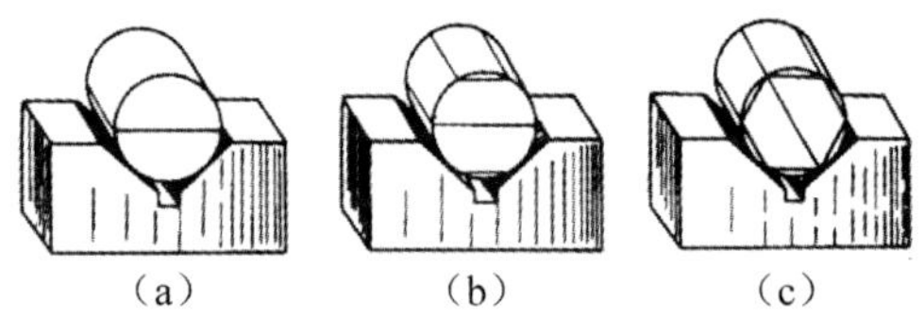

图 4-2-2 在圆柱体上划内接正六角形

2. 六面形体的加工方法

六面形体各表面的加工步骤，原则上也是先加工基准面，然后加工平行面，再依次加工角度面，但为了能同时保证其对边尺寸、120°内角及边长相等要求，各面的锉削步骤，一般可按图 4-2-3(a)中所示顺序进行。

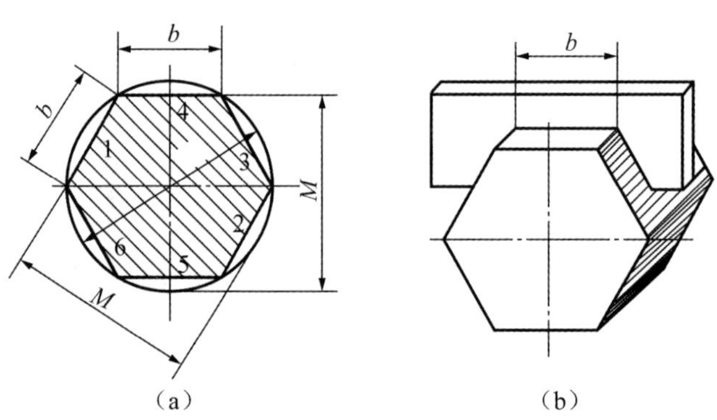

图 4-2-3 外六面形体的加工步骤和边长控制方法

对于第一面的加工位置，当毛坯件为一个圆柱体时，可以以外圆母线为测量基准，通过测量计算尺寸 M 的大小来进行控制，如图 4-2-3(a)所示；当毛坯件为其他形体时测可通过六面形体的划线来进行控制。

为保证六面形体的内角和边长相等，在锉削第三面、第四面时，除了用角度量具进行角度测量控制外，还需采用边长卡板进行边长相等的测量控制，如图 4-2-3(b)所示。

六面形体的加工步骤如图 4-2-4 所示。

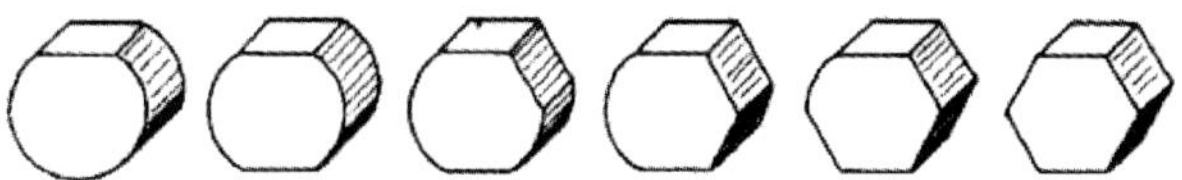

图 **4-2-4**　六面形体的加工步骤

二、 六面形体的锉配方法

(1)要使锉配的内、外六面形体能转位互换，达到配合精度，其关键在于外六面形体要加工得准确，不仅边长相等(可用边长卡板检查)，而且各个尺寸和角度的误差也应控制在最小范围内。

(2)锉配内、外六角形工件有两种加工顺序：一种是先锉配一组对面，然后依次将三组试配后，作整体修锉配入；另一种可以先配锉三个邻面，用 120°样板(图 4-2-5)及用外六角体试配检查三面的 120°角度与等边边长的准确性，并按划线线条锉至接触线条，然后再同时锉三个面的对应面，再作整体修锉配入。

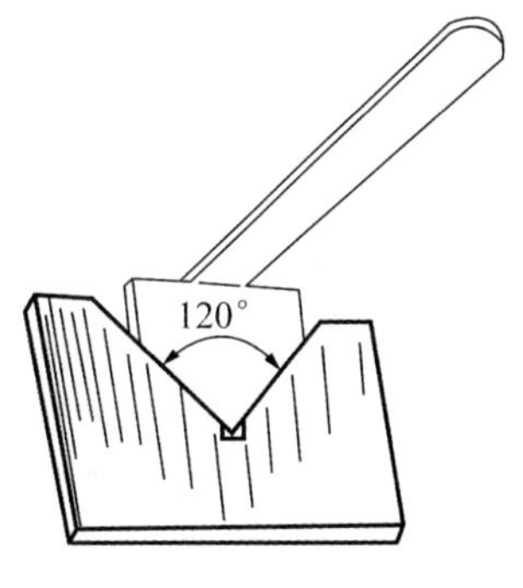

图 **4-2-5**　**120°**样板

(3)内六角棱线的直线度控制，必须用板锉按划线仔细锉直，使棱角线直而清晰。

(4)六面形体工件在锉配过程中，某一面配合间隙增大时，对其间隙面的两个邻面可做适当修整，即可减小该面的间隙。

实践活动

一、 实践条件

实践条件见表 4-2-1。

表 4-2-1 实践条件

类别	名称
设备	台虎钳
量具	钢直尺、游标卡尺、高度尺、刀口尺、直角尺、外径千分尺、量棒
工具	划线平板、高度尺、锯弓、锉刀(大、中、小多规格)、划针
其他	垫片、划线平板等

二、 实践步骤

实践步骤表见 4-2-2。

表 4-2-2 实践步骤

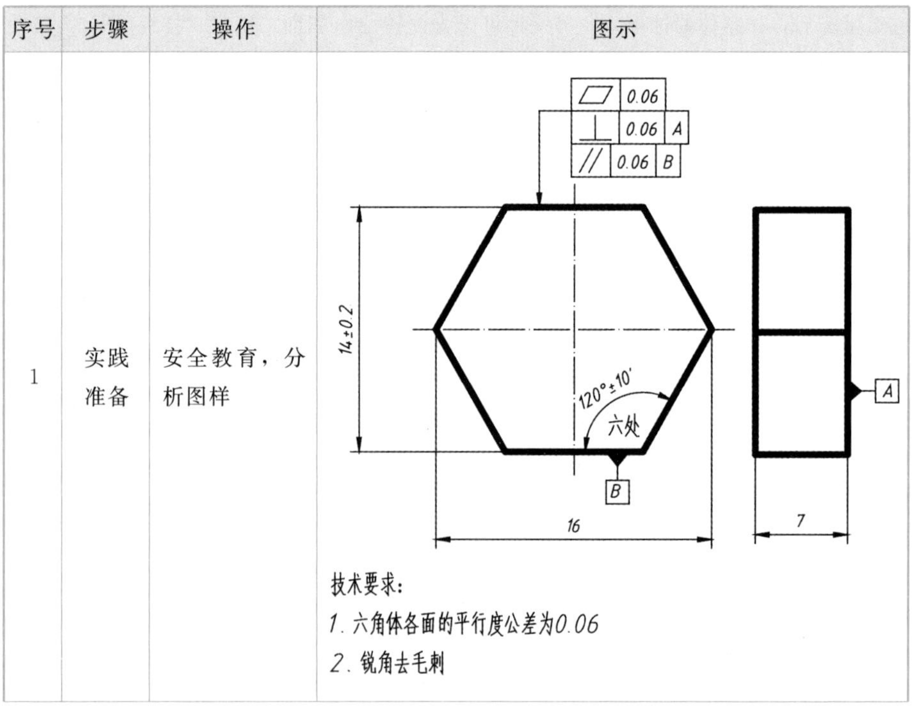

序号	步骤	操作	图示
1	实践准备	安全教育，分析图样	0.06 0.06 A 0.06 B 14±0.2 120°±10' 六处 B A 16 7 技术要求: 1. 六角体各面的平行度公差为0.06 2. 锐角去毛刺

续表

序号	步骤	操作	图示
2	划线操作	按图 4-2-2 步骤，将工件安放在 V 形体上，调整高度游标划线尺至中心位置，划出中心线，并记下高度尺的尺寸数值，按六角形对边距离，调整高度尺划出与中心线平行的六角形体二对边线，然后依次连接各交点即可	
3	锯削加工	根据以上划线操作，紧贴划出的六条直线进行锯削，锯除多余材料	
4	锉削加工	在之前已完成锯削加工的基础上，进行锉削加工，将毛坯材料锉削成六面体，要求与零件图上的精度要求一致	

三、 注意事项

(1)根据测量工件的不同角度正确选用直尺和 90°角尺。

(2)加工六面体的关键是如何在圆棒的表面画出正六边形。

(3)测量时，工件应与角度尺的两个测量面在全长上接触良好，避免误差。

专业对话

1. 谈一谈六面形体加工过程中角度的测量和控制方法。

2. 谈一谈燕尾零件的加工方法和角度控制方法，以及应该注意的事项。

任务评价

考核标准见表 4-2-3。

表 4-2-3 考核标准

<table>
<tr><th>序号</th><th>检测内容</th><th>检测项目</th><th>分值</th><th colspan="2">检测量具</th><th>自测结果</th><th>得分</th><th>教师检测结果</th><th>得分</th></tr>
<tr><td>1</td><td rowspan="7">客观评分 A（主要尺寸）</td><td>尺寸 52±0.06</td><td>10</td><td colspan="2"></td><td></td><td></td><td></td><td></td></tr>
<tr><td>2</td><td>尺寸 52±0.06</td><td>10</td><td colspan="2"></td><td></td><td></td><td></td><td></td></tr>
<tr><td>3</td><td>尺寸 52±0.06</td><td>10</td><td colspan="2"></td><td></td><td></td><td></td><td></td></tr>
<tr><td>4</td><td>六处 120°</td><td>10</td><td colspan="2"></td><td></td><td></td><td></td><td></td></tr>
<tr><td>5</td><td>垂直度</td><td>10</td><td colspan="2"></td><td></td><td></td><td></td><td></td></tr>
<tr><td>6</td><td>平面度</td><td>10</td><td colspan="2"></td><td></td><td></td><td></td><td></td></tr>
<tr><td>7</td><td>平行度</td><td>10</td><td colspan="2"></td><td></td><td></td><td></td><td></td></tr>
<tr><td>8</td><td rowspan="6">主观评分 B（安全文明生产）</td><td>正确穿戴工作服</td><td>10</td><td colspan="2"></td><td></td><td></td><td></td><td></td></tr>
<tr><td>9</td><td>正确穿戴工作帽</td><td>10</td><td colspan="2"></td><td></td><td></td><td></td><td></td></tr>
<tr><td>10</td><td>正确穿戴工作鞋</td><td>10</td><td colspan="2"></td><td></td><td></td><td></td><td></td></tr>
<tr><td>11</td><td>正确穿戴工作镜</td><td>10</td><td colspan="2"></td><td></td><td></td><td></td><td></td></tr>
<tr><td>12</td><td>工具箱的整理</td><td>10</td><td colspan="2"></td><td></td><td></td><td></td><td></td></tr>
<tr><td>13</td><td>工、量、刃具的整理</td><td>10</td><td colspan="2"></td><td></td><td></td><td></td><td></td></tr>
<tr><td>14</td><td colspan="2">客观 A 总分</td><td colspan="2">70</td><td colspan="2">客观 A 实际得分</td><td colspan="3"></td></tr>
<tr><td>15</td><td colspan="2">主观 B 总分</td><td colspan="2">60</td><td colspan="2">主观 B 实际得分</td><td colspan="3"></td></tr>
<tr><td>16</td><td colspan="2">总体得分率 AB</td><td colspan="2"></td><td colspan="2">评定等级</td><td colspan="3"></td></tr>
<tr><td>评分说明</td><td colspan="9">1. 评分由客观评分 A 和主观评分 B 两部分组成，其中客观评分 A 占 85%，主观评分 B 占 15%
2. 客观评分 A 分值为 10 分、5 分、0 分，主观评分 B 分值为 10 分、9 分、7 分、5 分、3 分、0 分
3. 总体得分率 AB：（A 实际得分×85%＋B 实际得分×15%）/（A 总分×85%＋B 总分×15%）×100%
4. 评定等级：根据总体得分率 AB 评定，具体为 AB≥92%＝1，AB≥81%＝2，AB≥67%＝3，AB≥50%＝4，AB≥30%＝5，AB<30%＝6</td></tr>
</table>

拓展活动

利用钳工技能完成如图 4-2-6 所示的零件，并达到图样所规定的要求。

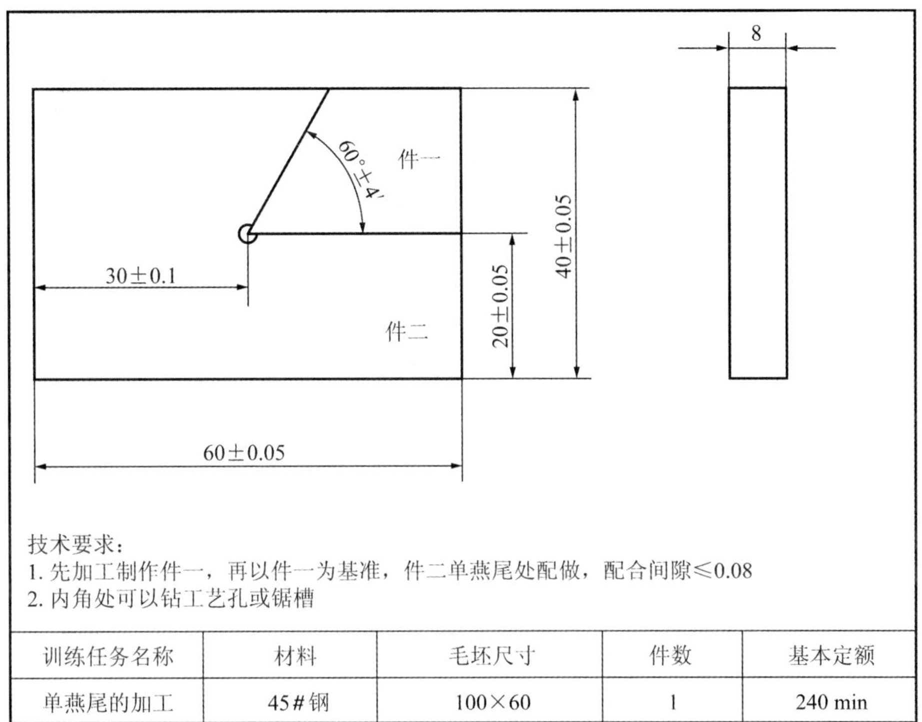

训练任务名称	材料	毛坯尺寸	件数	基本定额
单燕尾的加工	45#钢	100×60	1	240 min

图 4-2-6　单燕尾的加工

任务三　内螺纹的加工

任务目标

利用钳工技能完成如图 4-3-1 所示的零件，并达到图样所规定的要求。

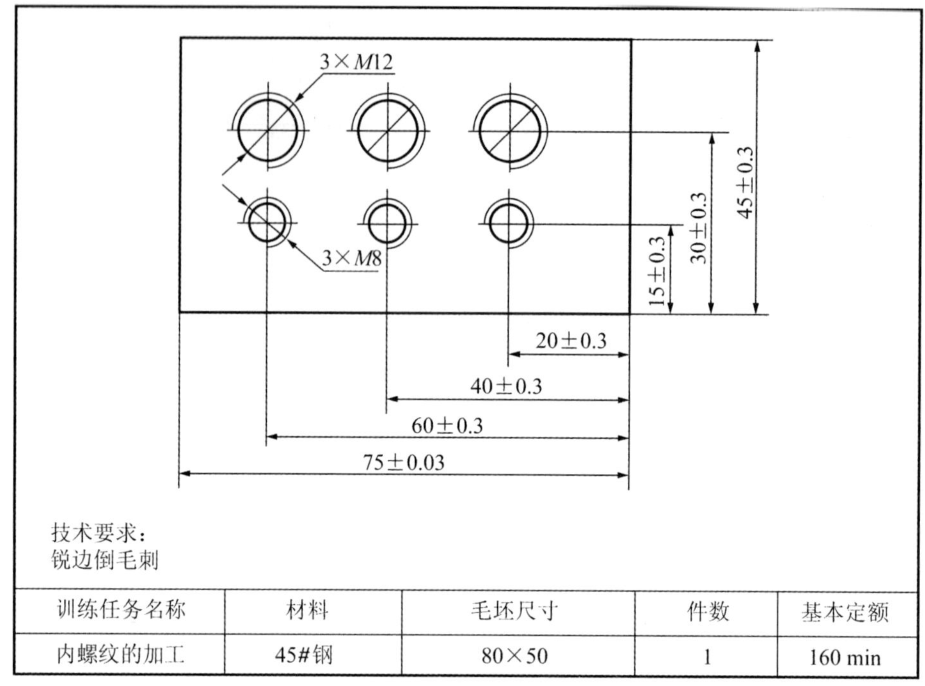

训练任务名称	材料	毛坯尺寸	件数	基本定额
内螺纹的加工	45#钢	80×50	1	160 min

图 4-3-1 内螺纹的加工

一、 攻螺纹

螺纹被广泛应用于各种机械设备、仪器仪表中，作为连接、紧固、传动、调整的一种机构，用丝锥在孔中切削加工内螺纹的方法称为攻螺纹。

(一)攻螺纹工具

1. 丝锥

丝锥是加工内螺纹的工具，主要分为机用丝锥和手用丝锥。

2. 丝锥的构造

丝锥主要由工作部分和柄部构成，其中工作部分包括切削部分和校准部分，如图 4-3-2 所示。丝锥的柄部做有方榫，可便于夹持。

3. 丝锥的选用

丝锥的种类很多，常用的有机用丝锥、手用丝锥、圆柱管螺纹丝锥、圆锥管螺纹丝锥等。

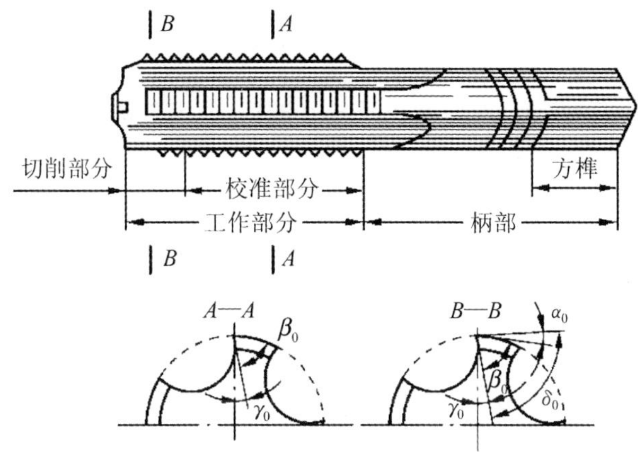

图 4-3-2　丝锥的构造

(二)丝锥的夹持工具

铰杠是手工攻螺纹时用来夹持丝锥的工具，分普通铰杠(图 4-3-3)和丁字铰杠(图 4-3-4)两类。

各类铰杠又分为固定式和活络式两种。

丁字铰杠主要用于攻工件凸台旁的螺纹或箱体内部的螺纹。

活络式铰杠可以调节夹持丝锥方榫。

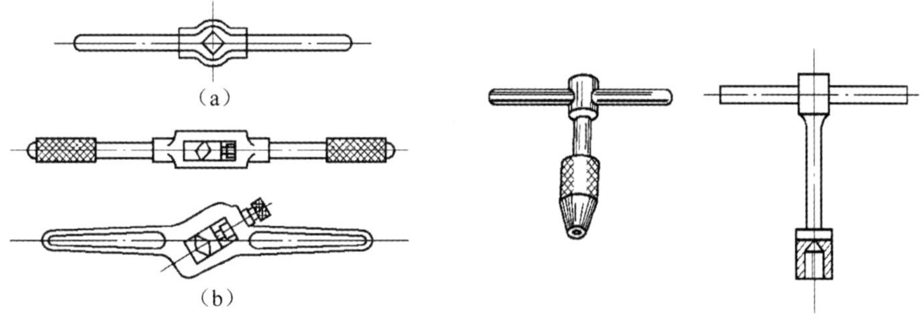

图 4-3-3　普通铰杠　　图 4-3-4　丁字铰杠

1. 攻螺纹前底孔直径的计算

对于普通螺纹来说，底孔直径可根据下列经验公式计算得出：

脆性材料　$D_{底}=D-1.05P$，

韧性材料　$D_{底}=D-P$。

式中　$D_{底}$——底孔直径；

D——螺纹大径；

P——螺距。

【例】分别在中碳钢和铸铁上攻 M16×2 的螺纹，求各自的底孔直径。

解：因为中碳钢是韧性材料

所以底孔直径为

$$D_{底}=D-P=16-2=14(\text{mm}),$$

因为铸铁是塑性材料，所以底孔直径为

$$D_{底}=D-1.05P=16-1.05\times2=13.9(\text{mm})。$$

2. 攻螺纹前底孔深度的计算

攻不通孔螺纹时，由于丝锥切削部分有锥角，前端不能切出完整的牙型，所以钻孔深度应大于螺纹的有效深度。

可根据下面公式计算：

$H_{钻}=h_{有效}+0.7D$

式中 $H_{钻}$——底孔深度；

$h_{有效}$——螺纹有效深度；

D——螺纹大径。

3. 攻螺纹方法和注意事项

(1)螺纹底孔的孔口处要倒角，通孔螺纹的两端均要倒角，这样可以保证丝锥比较容易切入，并防止孔口出现挤压出的凸边。

(2)起攻时应使用头锥。用手掌按住铰杠中部，沿丝锥轴线方向加压用力，另一手配合做顺时针旋转；或两手握住铰杠两端均匀用力，并将丝锥顺时针旋进(图 4-3-5)。

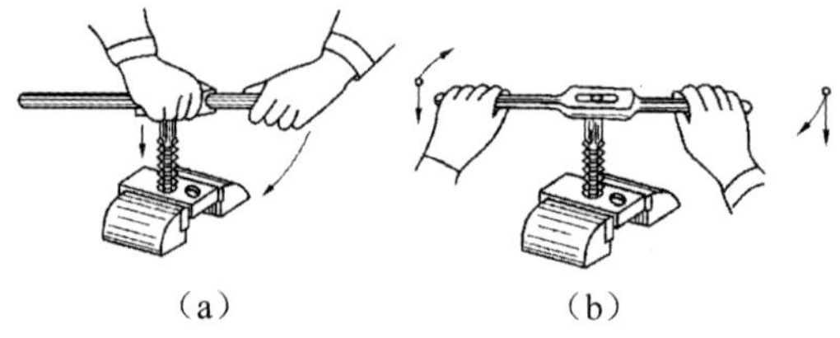

图 4-3-5 起攻方法

一定要保证丝锥中心线与底孔中心线重合，不能歪斜，可以通过检查攻螺纹垂直度的方式来检查，如图 4-3-6 所示。

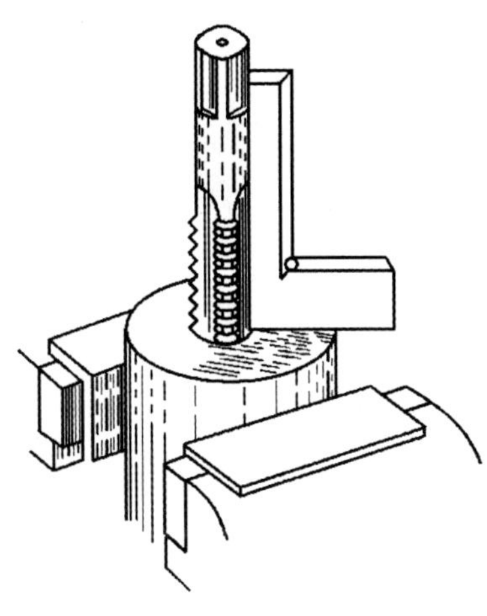

图 4-3-6　检查攻螺纹垂直度

(3)当丝锥切削部分全部进入工件时，不要再施加压力，只需靠丝锥自然旋进切削。此时，两手要均匀用力，铰杠每转 1/2～1 圈，应倒转 1/4～1/2 圈断屑。

(4)攻螺纹时必须按头锥、二锥、三锥的顺序攻削，以减小切削负荷，防止丝锥折断。

(5)攻不通孔螺纹时，可在丝锥上做上深度标记，并经常退出丝锥，将孔内切屑清除，否则会因切屑堵塞而折断丝锥或攻不到规定深度。

二、攻螺纹时产生废品的原因

攻螺纹时产生废品的原因见表 4-3-1。

表 4-3-1　攻螺纹时产生废品的原因

废品形式	产生原因	防止方法
螺纹乱扣、断裂、撕破	底孔直径太小，丝锥攻不进，使孔口乱扣	认真检查底孔，选择合适的底孔钻头将孔扩大再攻
	头锥攻过后，攻二锥时旋转不正，头锥、二锥中心不重合	先用手将二锥旋入螺孔内，使头锥、二锥中心重合
螺孔攻歪斜	螺孔攻歪斜很多，而用丝锥强行“借”仍借不过来	保护丝锥与底孔中心一致，操作中两手用力均衡，偏斜太多不要强行借正
	低碳钢及塑性好的材料，攻丝时没用冷却润滑液	应选用冷却润滑液
	丝锥切削部分磨钝	将丝锥后角修磨锋利

续表

废品形式	产生原因	防止方法
螺孔偏斜	丝锥与工件端平面不垂直	起削时要使丝锥与工件端平面成垂直，要注意检查与校正
	铸件内有较大砂眼	攻丝前注意检查底孔，如砂眼太大不易攻丝
	攻丝时两手用力不均衡，倾向于一侧	要始终保持两手用力均衡，不要摆动
螺纹高度不够	攻丝底孔直径太大	正确计算与选择攻丝底孔直径与钻头直径

三、 攻螺纹时丝锥折断的原因及预防方法

攻螺纹时丝锥折断的原因及预防方法见表 4-3-2。

表 4-3-2　攻螺纹时丝锥折断的原因及预防方法

折断原因	防止方法
攻丝底孔太小	正确计算与选择底孔直径
丝锥太钝，工件材料太硬	磨锋丝锥后角
丝锥铰杠过大，扭转力矩大，操作者手部感觉不灵敏，往往丝锥卡住仍感觉不到，继续扳动使丝锥折断	选择适当规格的铰杠，要随时注意出现的问题，并及时处理
没及时清除丝锥屑槽内的切屑，特别是韧性大的材料，切屑在孔中堵住	按要求反转割断切屑，及时排除，或把丝锥退出清理切屑
韧性大的材料(不锈钢等)攻丝时没用冷却润滑液，工件与丝锥咬住	应选用冷却润滑液
丝锥歪斜单面受力太大	攻丝前要用角尺校正，使丝锥与工件孔保持同心度
不通孔攻丝时，丝锥尖端与孔底相顶，仍旋转丝锥，使丝锥折断	应事先作出标记，攻丝中注意观察丝锥旋进深度防止相顶，并要及时清理切屑

四、取断头螺丝和丝锥的方法

1. 机体外还留有断头的情况

对这种断头螺丝，用尖錾及手锤顺螺丝退出的方向冲出，也可将露出的部分錾扁，用扳手旋出。

2. 螺丝完全埋在机体里的情况

在折断螺丝的中心，钻出比螺丝直径小的孔眼，然后用方冲插入孔内旋出。

3. 取折断丝锥的方法

(1)用手锤和尖錾慢慢地旋转敲出丝锥。

(2)如丝锥折断部分露出孔外时，可用手钳将其扭出。

(3)对难以取出的丝锥，可用气焊火焰将丝锥退火。

实践活动

一、实践条件

实践条件见表 4-3-3。

表 4-3-3　实践条件

类别	名称
设备	台钻
量具	钢直尺、游标卡尺、高度尺、刀口尺、直角尺、千分尺、螺纹塞规(*M*8、*M*12)
工具	划线平板、高度尺、锯弓、丝攻扳手
刃具	麻花钻、锪孔钻、铰刀、丝锥
其他	垫片、台虎钳、样冲、铁锤、台钻、丝锥套、润滑油喷壶

二、实践步骤

内螺纹的实践步骤见表 4-3-4。

表 4-3-4　内螺纹的实践步骤

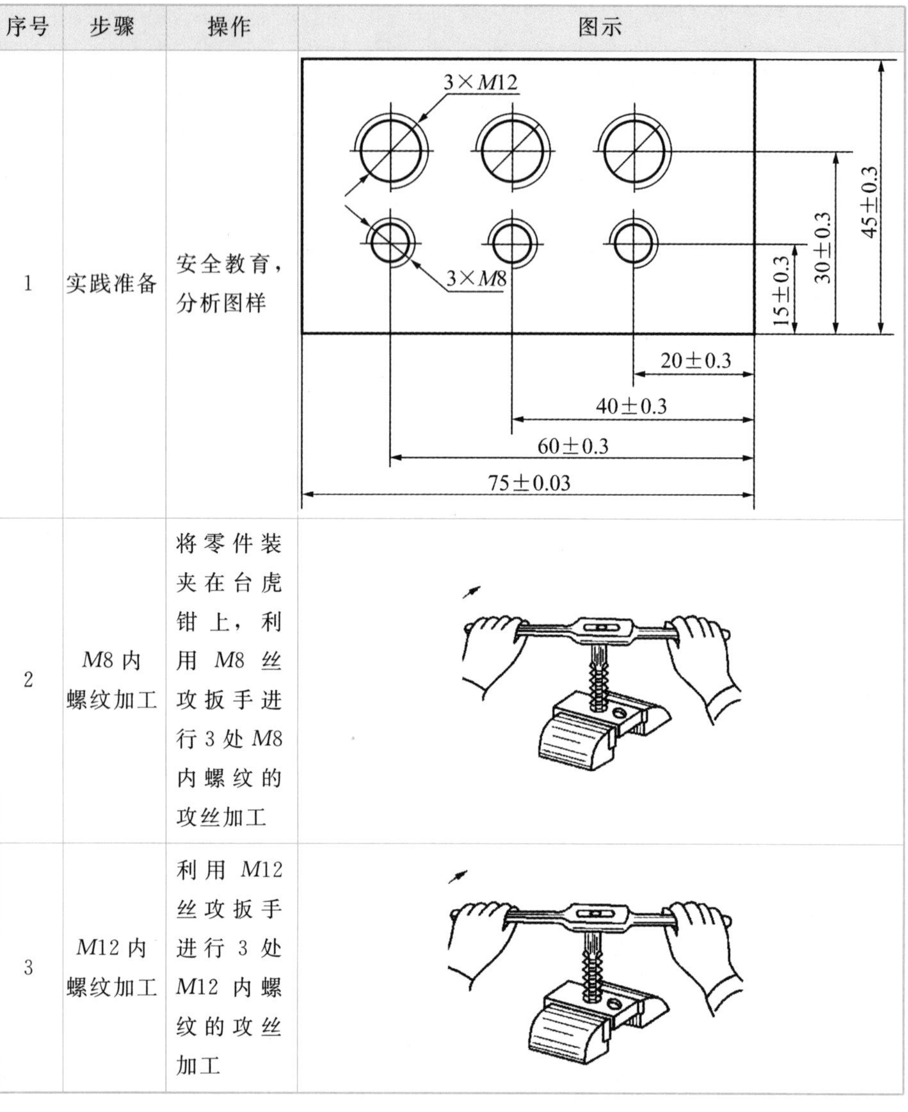

序号	步骤	操作	图示
1	实践准备	安全教育，分析图样	
2	M8 内螺纹加工	将零件装夹在台虎钳上，利用 M8 丝攻扳手进行 3 处 M8 内螺纹的攻丝加工	
3	M12 内螺纹加工	利用 M12 丝攻扳手进行 3 处 M12 内螺纹的攻丝加工	

三、注意事项

(1)起攻时，要从两个方向进行垂直度的及时校正，特别是套螺纹时，起套时导向性较差，容易导致板牙断面与圆杆轴心线不垂直，切出的螺纹牙形一面深一面浅。并随着螺纹的长度增加，歪斜现象明显严重，甚至不能继续切削。攻、套螺纹时要控制双手用力均匀和掌握好用力限度，是攻、套螺纹的基本功之一，必须用心掌握。

(2)攻螺纹时，要加润滑油润滑。

(3)攻螺纹之前钻孔时，操作者必须佩戴防护眼镜。

(4)攻螺纹前钻孔时必须一人独立完成，钻床周围不要围人，避免发生事故。

(5)攻螺纹前钻孔时钻出的铁削不允许用手触摸，以免烫伤。

专业对话

1. 谈一谈内螺纹加工与外螺纹加工有什么区别？

2. 在加工内螺纹时，丝锥断裂在硬度较大的金属材料内，谈一谈如何将断裂的丝锥取出？

任务评价

考核标准见表 4-3-5。

表 4-3-5　考核标准

序号	检测内容	检测项目	分值	检测量具	自测结果	得分	教师检测结果	得分
1	客观评分 A（主要尺寸）	3 个 $M8$ 螺纹	10					
2		3 个 $M12$ 螺纹	10					
3		定位　15±0.3	10					
4		定位　30±0.3	10					
5		定位　20±0.3	10					
6		定位　40±0.3	10					
7		定位　60±0.3	10					
8	主观评分 B（安全文明生产）	正确穿戴工作服	10					
9		正确穿戴工作帽	10					
10		正确穿戴工作鞋	10					
11		正确穿戴工作镜	10					
12		工具箱的整理	10					
13		工、量、刃具的整理	10					
14	客观 A 总分		70		客观 A 实际得分			
15	主观 B 总分		60		主观 B 实际得分			
16	总体得分率 AB				评定等级			

续表

序号	检测内容	检测项目	分值	检测量具	自测结果	得分	教师检测结果	得分
评分说明	1. 评分由客观评分 A 和主观评分 B 两部分组成，其中客观评分 A 占 85%，主观评分 B 占 15% 2. 客观评分 A 分值为 10 分、5 分、0 分，主观评分 B 分值为 10 分、9 分、7 分、5 分、3 分、0 分 3. 总体得分率 AB：(A 实际得分×85%+B 实际得分×15%)/(A 总分×85%+B 总分×15%)×100% 4. 评定等级：根据总体得分率 AB 评定，具体为 AB≥92%=1，AB≥81%=2，AB≥67%=3，AB≥50%=4，AB≥30%=5，AB<30%=6							

拓展活动

一、选择题

1. 普通三角螺纹的牙型角为________。

A. 30°　　B. 40°　　C. 55°　　D. 60°

2. 下列螺纹防松方法不属于摩擦力防松方法的是________。

A. 弹簧垫圈防松　　B. 钉头冲点防松

C. 弹簧圈螺母防松　　D. 对顶螺母防松

3. 螺纹连接发生松动故障的原因，主要是长期经受________而引起的。

A. 磨损　　B. 运转　　C. 振动　　D. 碰撞

4. 螺纹连接必须保证螺纹副具有一定的摩擦力矩，它是由连接时施加拧紧力矩后，螺纹副产生的________获得的。

A. 力矩　　B. 反作用力　　C. 预紧力　　D. 向心力

5. 单线螺纹的螺距________导程。

A. 等于　　B. 小于　　C. 大于　　D. 不一定

二、计算题

1. 要求分别在 45# 钢和铝板上攻 $M12\times2$ 的螺纹，求各自的底孔直径。

2. 攻 45# 钢 $M8$ 不通孔螺纹时，请计算钻孔深度。

任务四 六角螺母的加工

任务目标

利用钳工技能完成如图 4-4-1 所示的零件，并达到图样所规定的要求。

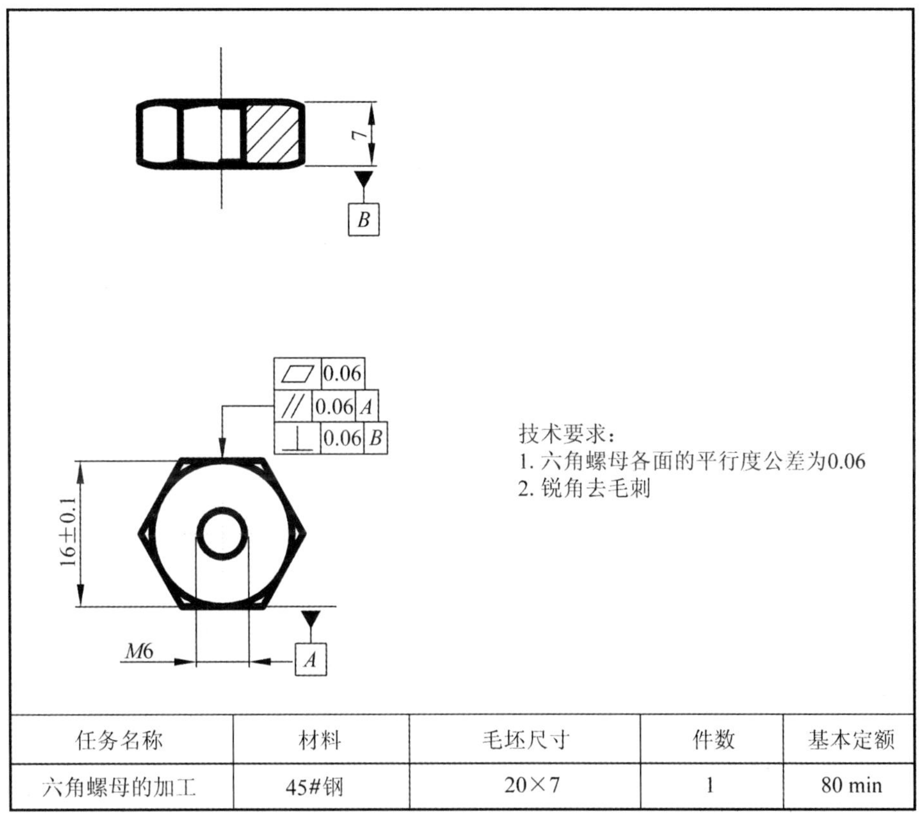

任务名称	材料	毛坯尺寸	件数	基本定额
六角螺母的加工	45#钢	20×7	1	80 min

图 4-4-1　六角螺母的加工

学习活动

一、 图样分析

根据六角螺母的图样分析，本任务在项目四任务二的基础上加工 $M6$ 的内螺纹。

二、 螺纹孔加工

1. 底孔加工

由图 4-4-1 可知，要攻 $M6$ 的螺纹，因为是钢件，底孔直径可用下列公式计算：

韧性材料　$D_{底}=D-P$

式中，$D_{底}$——底孔直径；

D——螺纹大径；

P——螺距。

查表得知 $M6$ 螺纹的螺距为 1 mm，即底孔直径为 5 mm。

选用 φ5 的麻花钻头对工件进行钻孔。

2. 攻螺纹

钻出底孔后，用绞杆和 $M6$ 的丝锥对工件进行攻螺纹，注意攻螺纹前工件夹持位置要正确，应当尽可能把底孔中心线放置于水平位置或垂直位置。

实践活动

一、 实践条件

实践条件见表 4-4-1。

表 4-4-1　实践条件

类别	名称
设备	台钻
量具	钢直尺、游标卡尺、高度尺、刀口尺、直角尺、千分尺、螺纹塞规
工具	画线平板、高度尺、锯弓、丝攻扳手
刃具	麻花钻、丝锥
其他	垫片、台虎钳、样冲、铁锤、丝锥套、润滑油喷壶

二、 实践步骤

六角螺母螺纹的实践步骤见表 4-4-2。

表 4-4-2　六角螺母螺纹的实践步骤

序号	步骤	操作	图示
1	实践准备	安全教育，分析图样	7 B 0.06 // 0.06 A ⊥ 0.06 B 16±0.1 M6 A
2	定心	用高度游标卡尺划出中心线，并先冲上样冲眼	
3	底孔加工	用ϕ5 mm的钻头打底孔，并在钻孔的孔口进行倒角，以利于丝锥的定位和切入	
4	内螺纹加工	将工件水平夹角于台虎钳上，用丝锥头攻螺纹，再用二锥复攻一次	

三、 注意事项

(1)攻螺纹前螺纹底孔口要倒角，使丝锥容易切入，并防止攻螺纹后孔口的螺纹崩裂。

(2)起攻时，要从两个方面进行垂直度的校正，这是保证攻螺纹质量的重要一环。

(3)起攻的正确性以及攻螺纹时，能控制两手用力的均匀性和掌握好用力限度，是攻螺纹的基本功之一。

(4)熟悉攻螺纹中常出现的问题及其产生的原因，以便在练习时加以注意。

(5)攻螺纹操作时，必须依次以头攻、二攻顺序操作，加适量切削液。

(6)攻螺纹操作时，切削受阻即逆时针推出丝锥，检查是否铁屑受挤压或丝锥不垂直。

专业对话

谈一谈机械加工企业在加工六角螺母时采用什么方法。如果小批量加工 10 件以内，该如何加工？中批量加工 1000 件，该如何加工？那么，大批量加工 1 万件以上，又该如何加工呢？

任务评价

考核标准见表 4-4-3。

表 4-4-3　考核标准

<table>
<tr><th>序号</th><th>检测内容</th><th>检测项目</th><th>分值</th><th>检测量具</th><th>自测结果</th><th>得分</th><th>教师检测结果</th><th>得分</th></tr>
<tr><td>1</td><td rowspan="5">客观评分 A(主要尺寸)</td><td>M6 螺纹</td><td>10</td><td></td><td></td><td></td><td></td><td></td></tr>
<tr><td>2</td><td>3 个尺寸 16±0.1</td><td>30</td><td></td><td></td><td></td><td></td><td></td></tr>
<tr><td>3</td><td>垂直度</td><td>10</td><td></td><td></td><td></td><td></td><td></td></tr>
<tr><td>4</td><td>平行度</td><td>10</td><td></td><td></td><td></td><td></td><td></td></tr>
<tr><td>5</td><td>平面度</td><td>10</td><td></td><td></td><td></td><td></td><td></td></tr>
<tr><td>6</td><td rowspan="6">主观评分 B(安全文明生产)</td><td>正确穿戴工作服</td><td>10</td><td></td><td></td><td></td><td></td><td></td></tr>
<tr><td>7</td><td>正确穿戴工作帽</td><td>10</td><td></td><td></td><td></td><td></td><td></td></tr>
<tr><td>8</td><td>正确穿戴工作鞋</td><td>10</td><td></td><td></td><td></td><td></td><td></td></tr>
<tr><td>9</td><td>正确穿戴工作镜</td><td>10</td><td></td><td></td><td></td><td></td><td></td></tr>
<tr><td>10</td><td>工具箱的整理</td><td>10</td><td></td><td></td><td></td><td></td><td></td></tr>
<tr><td>11</td><td>工、量、刃具的整理</td><td>10</td><td></td><td></td><td></td><td></td><td></td></tr>
<tr><td>12</td><td colspan="2">客观 A 总分</td><td colspan="2">70</td><td colspan="2">客观 A 实际得分</td><td colspan="2"></td></tr>
<tr><td>13</td><td colspan="2">主观 B 总分</td><td colspan="2">60</td><td colspan="2">主观 B 实际得分</td><td colspan="2"></td></tr>
<tr><td>14</td><td colspan="2">总体得分率 AB</td><td colspan="2"></td><td colspan="2">评定等级</td><td colspan="2"></td></tr>
</table>

续表

序号	检测内容	检测项目	分值	检测量具	自测结果	得分	教师检测结果	得分
评分说明	1. 评分由客观评分 A 和主观评分 B 两部分组成，其中客观评分 A 占 85％，主观评分 B 占 15％ 2. 客观评分 A 分值为 10 分、5 分、0 分，主观评分 B 分值为 10 分、9 分、7 分、5 分、3 分、0 分 3. 总体得分率 AB：(A 实际得分×85％＋B 实际得分×15％)/(A 总分×85％＋B 总分×15％)×100％ 4. 评定等级：根据总体得分率 AB 评定，具体为 AB≥92％＝1，AB≥81％＝2，AB≥67％＝3，AB≥50％＝4，AB≥30％＝5，AB<30％＝6							

拓展活动

利用钳工技能完成如图 4-4-2 所示图样中螺纹，并达到图样所规定的要求。

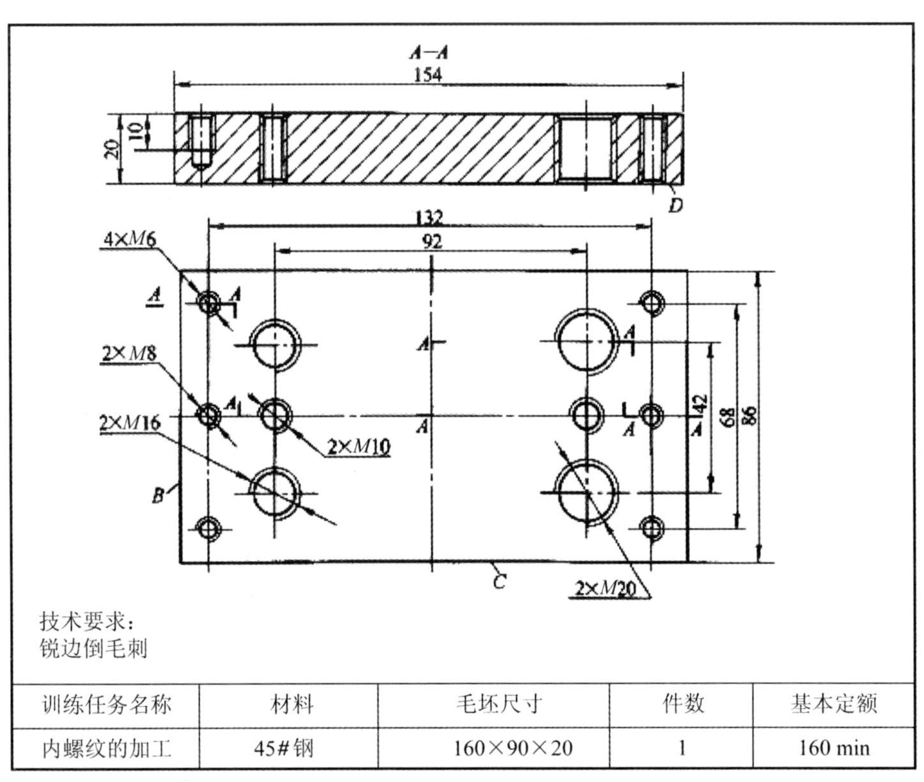

训练任务名称	材料	毛坯尺寸	件数	基本定额
内螺纹的加工	45#钢	160×90×20	1	160 min

图 4-4-2　内螺纹的加工

项目五 装　配

项目导航

本项目主要介绍装配工具及其使用、装配工艺概述、装配工艺过程、生产类型与装配工艺组织形式、零件的清洗、机械产品的装配精度和常用的螺纹连接装配类型、仿形加工和配钥匙机，同时，还有挂锁的装配、修配和合理选用锉刀锉配钥匙等实践操作。

学习要点

1. 了解装配工具及其使用。
2. 了解装配工艺概述和装配工艺过程。
3. 了解生产类型与装配工艺组织形式。
4. 掌握零件的清洗工作。
5. 了解机械产品的装配精度。
6. 了解常用的螺纹连接件和螺纹连接装配类型。
7. 了解仿形加工和配钥匙机。
8. 能合理选用锉刀锉配钥匙。

任务一　挂锁的装配

任务目标

装配如图 5-1-1 所示的零件，达到图样所规定的要求。

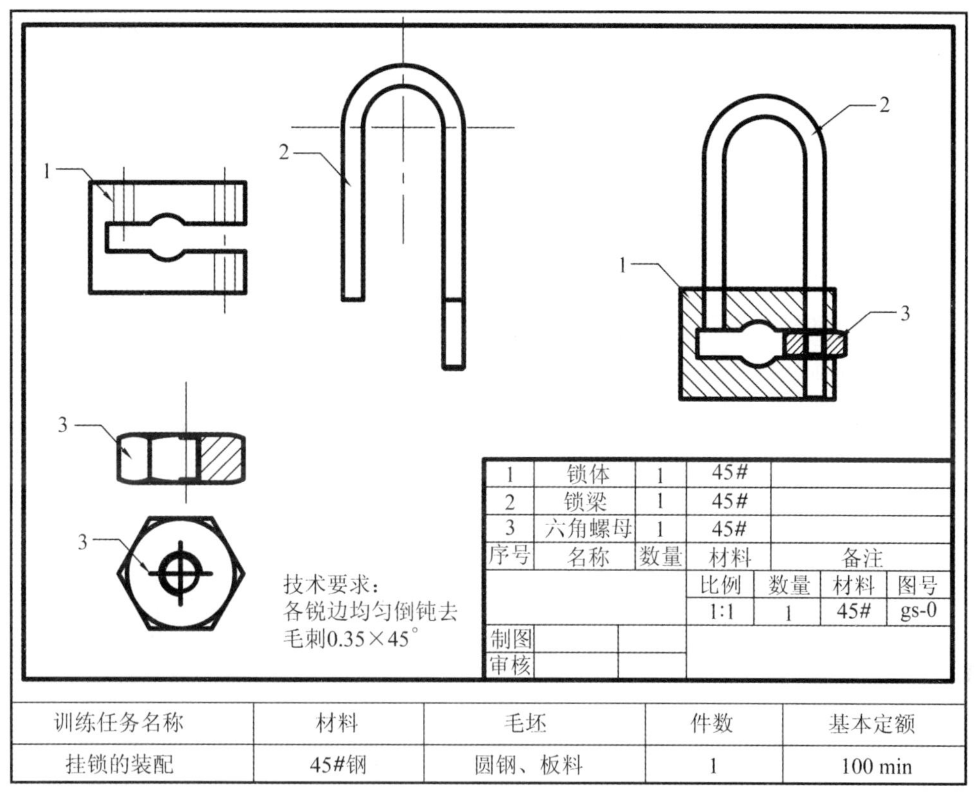

1	锁体	1	45#	
2	锁梁	1	45#	
3	六角螺母	1	45#	
序号	名称	数量	材料	备注

比例	数量	材料	图号
1:1	1	45#	gs-0

训练任务名称	材料	毛坯	件数	基本定额
挂锁的装配	45#钢	圆钢、板料	1	100 min

图 5-1-1　挂锁的装配

学习活动

一、装配工具及其使用

(一)各种工具简介

1. 普通扳手

(1)开口扳手。开口扳手又称呆扳手，是最常见的一种扳手，其开口的中心平面和本体中心平面成 15°角，这样既能适应人手的操作方向，又可降低对操作空间的要求。其规格是以两端开口的宽度 S(mm)来表示的，如 8－10、12－14 等，通常是成套装备，有 8 件一套、10 件一套等，通常用 45、50 钢锻造，并经热处理。

(2)梅花扳手。梅花扳手的两端是环状的，环的内孔由两个正六边形互相同心错转 30°而成，使用时，扳动 30°后，即可换位再套，因而适用于在狭窄场合下操作，与开口扳手相比，梅花扳手强度高，使用时不易滑脱，但套上、取下不方便。其规格是以闭口尺寸 S(mm)来表示，如 8－10、12－14 等，通常是成套装备，有 8 件一套、10 件一套等，通常用 45 钢或 40Cr 锻造，并经热处理。

(3)套筒扳手。其材料、环孔形状与梅花扳手相同，适用于拆装位置狭窄或需要一定扭矩的螺栓或螺母。套筒扳手主要由套筒头、手柄、棘轮手柄、快速摇柄、接头和接杆等组成，各种手柄适用于各种不同的操作，以操作方便和提高效率为原则，常用套筒扳手的规格是 10 mm～32 mm。在汽车维修中还采用了许多专用套筒扳手，如火花塞套筒、轮毂套筒、轮胎螺母套筒等。

(4)活动扳手。活动扳手的开口尺寸能在一定的范围内任意调整，使用场合与开口扳手相同，但活动扳手操作起来不太灵活。其规格是以最大开口宽度(mm)来表示的，常用的有 150 mm、300 mm 等。

(5)扭力扳手。它是一种可读出所施扭矩大小的专用工具，其规格是以最大可测扭矩来划分的，常用的有 294 N·m、490 N·m 两种；扭力扳手除用来控制螺纹件旋紧力矩外，还可以用来测量旋转件的起动转矩，以检查配合、装配情况。如北京 492Q 发动机曲轴起动转矩应不大于 19.6 N·m。

(6)内六角扳手。内六角扳手是用来拆装内六角螺栓(螺塞)用的，规格以六角形对边尺寸 S 表示，有 3 mm、4 mm、5 mm、6 mm、8 mm、10 mm、12 mm、14 mm、17 mm、19 mm、22 mm、24 mm、27 mm 十三种，汽车维修作业中用有成套内六角扳手，可供拆装 $M4$～$M30$ 的内六角螺栓。

2. 起子

(1)一字起子。一字起子又称一字形螺钉旋具、平口改锥，用于旋紧或松开头部开一字槽的螺钉，一般工作部分用碳素工具钢制成，并经淬火处理，一般由木柄、刀体和刃口组成，其规格以刀体部分的长度来表示，使用时，应根据螺钉沟槽的宽度进行选用。

(2)十字形起子。又称十字槽螺钉旋具、十字改锥，用于旋紧或松开头部带十字沟槽的螺钉，材料和规格与一字形起子相同。

3. 手锤和手钳

(1)钳工锤。钳工锤又称圆顶锤，其锤头一端平面略有弧形，是基本工作面，另一端是球面，用来敲击凹凸形状的工件。规格以锤头质量来表示，以 0.5 kg～0.75 kg 的最为常用，锤头以 45、50 钢锻造，两端工作面热处理后硬度一般为 HRC50～57。

(2)鲤鱼钳和钢丝钳。鲤鱼钳头的前部是平口细齿，适用于夹捏小零件，中部凹口粗长，用于夹持圆柱形零件，也可以代替扳手旋小螺栓、小螺母，钳口后部的刃口可剪切金属丝，由于一片钳体上有两个互相贯通的孔，又有一个特殊的销子，操作时钳口的张开度可很方便地变化，以适应夹持不同大小的零件，是汽车维修作业中使用最多的手钳，规格以钳长来表示，一般有 165 mm、200 mm 两种，用 50 钢制造；钢丝钳的用途和鲤鱼钳相仿，但其支销相对于两片钳体是固定的，故使用时不如鲤鱼钳灵活，但剪断金属丝的效果比鲤鱼钳要好，规格有 150 mm、175 mm 和 200 mm 三种。

(3)尖嘴钳。因其头部细长，所以能在较小的空间工作，带刃口的能剪切细小零件，使用时不能用力太大，否则钳口头部会变形或断裂，规格以钳长来表示，常用的有 160 mm。

(二)正确选用和注意事项

1. 扳手类工具

(1)所选用的扳手的开口尺寸必须与螺栓或螺母的尺寸相符合，扳手开口过大易滑脱并损伤螺件的六角，在进口汽车维修中，应注意扳手公英制的选择；各类扳手的选用原则，一般优先选用套筒扳手，其次为梅花扳手，再次为开口扳手，最后选活动扳手。

(2)为防止扳手损坏和滑脱，应使拉力作用在开口较厚的一边，这一点对受力较大的活动扳手尤其应该注意，以防开口出现“八”字形，损坏螺母和扳手。

(3)普通扳手是按人手的力量来设计的，遇到较紧的螺纹件时，不能用锤击打扳手；除套筒扳手外，其他扳手都不能套装加力杆，以防损坏扳手或螺纹连接件。

2. 起子

型号规格的选择应以沟槽的宽度为原则，不可带电操作；使用时，除施加扭力外，还应施加适当的轴向力，以防滑脱损坏零件；不可用起子撬任何物品。

3. 手锤和手钳

(1)使用手锤时，切记要仔细检查锤头和锤把是否楔塞牢固，握锤应握住锤把后部。挥锤的方法有手腕挥、小臂挥和大臂挥三种，手腕挥锤只有手腕动，锤击力小，但准、快、省力，大臂挥是大臂和小臂一起运动，锤击力最大。

(2)切忌用手钳代替扳手松紧 *M*5 以上螺纹连接件，以免损坏螺母或螺栓。

二、 装配工艺概述

1. 部件

机械产品是由许多零件和部件组成的。零件是构成机器的最小单元，由两个或两个以上零件组合成机器的一部分，称为部件。

2. 装配

将若干个零件(包括自制的、外购的)按照规定的技术要求和装配图样组合成部件，或将若干个零件、部件组合成产品(机构或机器)的工艺过程，称为装配。

产品质量的好坏除了取决于零件的加工质量以外，还取决于装配质量。

三、 装配工艺过程

产品的装配工艺过程一般由四个部分组成，见表 5-1-1。

表 5-1-1　产品的装配工艺过程

装配工艺过程	内容
装配前的准备工作	熟悉产品装配图、工艺文件和技术要求，了解产品结构，各零部件的作用、相互关系及连接方法 确定装配方法、顺序，准备所需的装配工具和检测工具 用煤油对装配零件进行清理和清洗，去除零件上的铁锈、切屑、油污，以及用油石修毛刺 检查零件加工质量，对有些零件进行锉削、刮削等修配工作，对有些特殊要求的零件进行的平衡试验、密封性试验等
装配工作	装配工作通常分为部件装配和总装配两个阶段进行 部件装配是指产品在进行总装配前的装配工作，将若干个零件、组件安装在另一个基础零件上面构成一个装配部件的工作过程 总装配是把零件和部件装配成最终产品的过程

续表

装配工艺过程	内容
调整检验工作	调节零件或机器的相互位置、配合间隙、结合面松紧等，使机构或机器工作协调 检验机构或机器的工作精度、几何精度等 对机构或机器运转的灵活性、密封性、工作温度、转速、功率等技术要求进行检查
喷漆、涂油工作	喷漆不仅可防止产品表面生锈，还可起到产品外观美观和提示的作用(绿色——安全、红色——危险、黄色——警告)，涂油则是防止加工表面生锈

四、 生产类型与装配工艺组织形式

机器装配根据生产批量大致可分为三种类型：大批生产、成批生产和单件小批生产。生产类型与装配工作的组织形式、装配工艺方法、工艺过程、工艺装备、手工操作要求等方面，见表 5-1-2。

表 5-1-2 生产类型与装配工作的特点

生产类型	大批大量生产	成批生产	单件小批生产
基本特性	产品固定，生产活动长期重复，生产周期一般较短	产品在系列化范围内变动，分批交替投产或多品种同时投产，生产活动在一定时期内重复	产品经常变换，不定期重复生产，生产周期一般较长
组织形式	多采用流水装配线：连续移动、间歇移动及可变节奏等移动方式，还可采用自动装配机或自动装配线	笨重、批量不大的产品多采用固定流水装配，批量较大时采用流水装配，多品种平行投产时多品种可变节奏流水装配	多采用固定装配或固定式流水装配进行总装，同时对批量较大的部件亦可采用流水装配
装配工艺方法	按互换法装配，允许有少量简单的调整，精密偶件成对供应或分组供应装配，无任何修配工作	主要采用互换法，但灵活运用其他保证装配精度的装配工艺方法，如调整法、修配法及合并法，以节约加工费用	以修配法及调整法为主，互换件比例较少

续表

生产类型	大批大量生产	成批生产	单件小批生产
工艺过程	工艺过程划分很细，力求达到高度的均衡性	工艺过程的划分需适合于批量的大小，尽量使生产均衡	一般不制订详细工艺文件，工序可适当调度，工艺也可灵活掌握
工艺装备	专业化程度高，宜采用专用高效工艺装备，易于实现机械化、自动化	通用设备较多，但也采用一定数量的专用工、夹、量具，以保证装配质量和提高工效	一般为通用设备及通用工、夹、量具
手工操作要求	手工操作比重小，熟练程度容易提高，便于培养新工人	手工操作比重较大，技术水平要求较高	手工操作比重大，要求工人有较高的技术水平和多方面工艺知识
应用实例	汽车、拖拉机、内燃机、滚动轴承、手表、缝纫机、电气开关	机床、机车车辆、中小型锅炉、矿山采掘机械	重型机床、重型机器、汽轮机、大型内燃机、大型锅炉

五、 装配时零件的清理和清洗工作

1. 零件的清理

零件的清理包括清除零件上残存的切屑、铁锈、研磨剂等，特别是要仔细清除小孔、沟槽等易存杂物的角落。对箱体、机体内部，清理后应涂以淡色油漆。

2. 零件的清洗

应使用清洗液和清洗设备对装配前的零件进行清洗，去除表面残存的油污，使零件达到规定的清洁度。在单件和小批量生产中，零件在洗涤槽内用棉纱或泡沫塑料擦洗或进行冲洗；在大批生产中，则用洗涤剂清洗零件。

3. 清洗方法

常用的清洗方法有浸洗、喷洗、气相清洗和超声波清洗等。浸洗是将零件浸渍于清洗液中晃动或者静置，清洗时间较长。喷洗是靠压力将清洗液喷淋在零件表面。气相清洗则是利用清洗液加热生成的蒸汽在零件表面冷凝而将油污洗净。超声波清洗是利用超声波清洗装置使清洗液产生空化效应，以清除零件表面的油污。

4. 常用的洗涤液

常用的洗涤液有汽油、煤油、柴油和化学清洗液。工业汽油主要用于清洗油脂、污垢和一般粘附的机械杂质，适用于清洗较精密的零部件。航空汽油用于清洗质量要求更高的零部件。煤油和柴油的用途与汽油相似，但清洗能力不及汽油，清洗后干燥较慢，但比汽油安全。化学清洗液，又称乳化剂清洗液，对油脂、水溶性污垢具有良好的清洗能力。这种清洗液配制简单、稳定耐用、无毒、不易燃、使用安全。

5. 清洗时注意的事项

对于橡胶制品，如密封圈等零件，严禁用汽油清洗，以防发胀变形，而应用酒精或清洗液进行清洗；清洗零件时，可根据零件的不同精度，选用棉纱或泡沫塑料擦拭。滚动轴承不能用棉纱清洗，防止棉纱头进入轴承内，影响轴承装配质量；清洗后的零件，应等零件上的油滴干后，再进行装配，防止污油影响装配质量。同时清洗后的零件不应该放置时间过长，以防灰尘弄脏零件。

零件的清洗工作可分为一次性清洗和二次性清洗。零件的第一次清洗后，应检查表面有无碰损和划伤，对零件的毛刺和轻微碰损的部位进行修整，可用油石、刮刀、纱布、细锉进行修光，但应注意不要损伤零件。经过检查修整后的零件，再进行二次清洗。

实践活动

一、实践条件

实践条件见表 5-1-3。

表 5-1-3　实践条件

类别	名称
设备	台虎钳、锯工、钻床、
量具	高度游标卡尺、游标卡尺、钢直尺、刀口角尺、万能角度尺
工具	软锤子、硬锤子、划针、划规、扳手、样冲、板牙架、铰杠、套筒
刀具	锉刀、锯条、板牙、丝锥、钻头
材料	圆钢、板料
其他	切削液、软钳口

二、实践步骤

挂锁装配的实践步骤见表 5-1-4。

表 5-1-4 挂锁装配的实践步骤

序号	步骤	说明
1	实践准备	安全教育，分析图样
2	锁体清洗	先去除锁体 1 边缘毛刺，采用煤油清洗干净，擦净上油
3	锁梁清洗	先去除锁梁 2 边缘毛刺，采用煤油清洗干净，擦净上油
4	六角螺母清洗	先去除六角螺母 3 边缘毛刺，采用煤油清洗干净，擦净上油
5	挂锁装配	根据装配图样和装配关系，以锁体 1 为基础零件，锁梁 2 插入锁体孔中，同时把六角螺母 3 放入锁体中间槽缝里对准锁梁 2 的锁杆螺纹端，旋动螺母，使锁梁的锁杆无螺纹端顶到槽底面为止

三、 注意事项

(1)所有零件在装配前应去除毛刺，清洗干净，表面涂上适量润滑油。装配时各零件应做好记号，方便以后的拆装。

(2)清洗零件前，先用丝锥和板牙去除内外螺纹的杂物。

四、 零件图

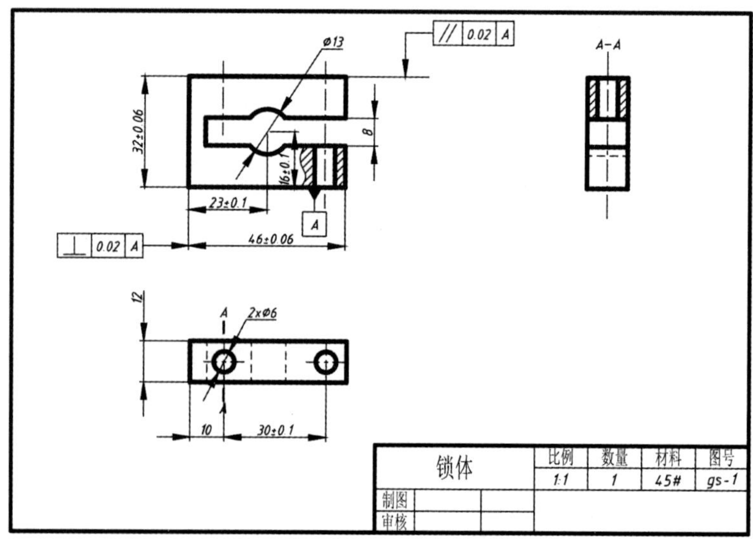

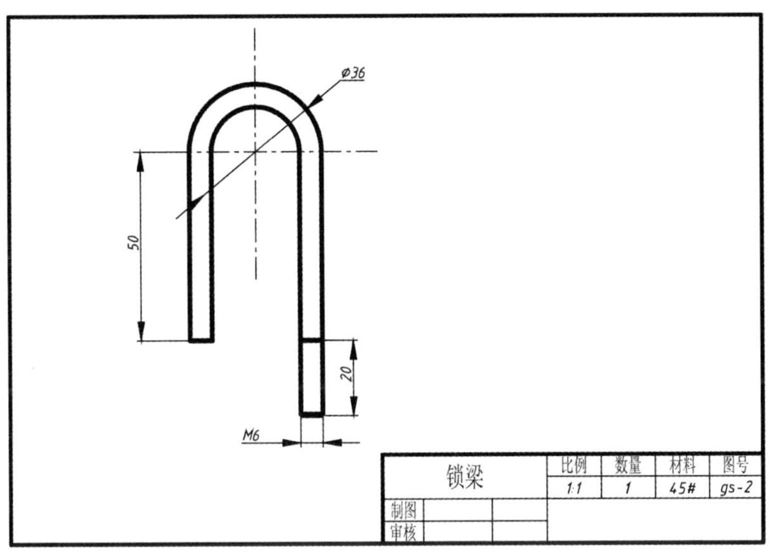

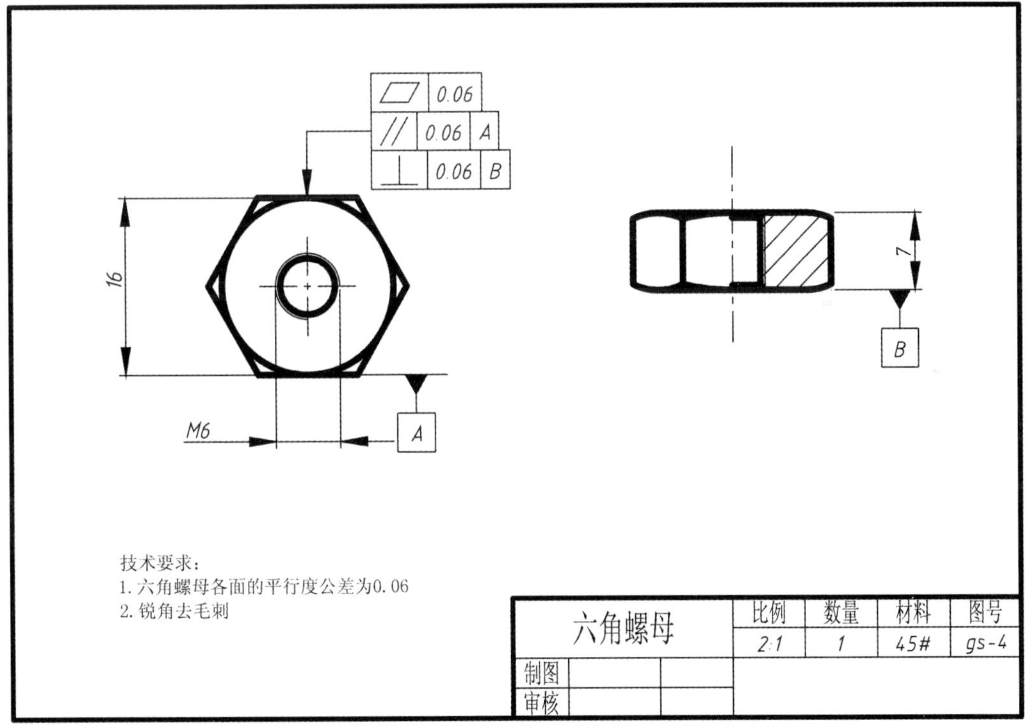

专业对话

1. 谈一谈什么叫装配，以及装配工艺过程一般由哪四个部分组成。

2. 谈一谈什么是生产类型与装配工艺组织形式。

3. 谈一谈装配时如何进行零件的清理和清洗工作，以及注意事项。

任务评价

考核标准见表 5-1-5。

表 5-1-5 考核标准

序号	检测内容	检测项目	分值	检测量具	自测结果	得分	教师检测结果	得分
1	客观评分 A（几何公差与表面质量）	螺纹表面无滑伤	10					
2		粗糙度符合要求	10					
3		螺纹能旋合	10					
4		配合不晃动	10					
5		锁杆顶到槽底面	10					
6		锁梁能伸缩	10					
7	主观评分 B（设备及工、量、刃具的维修使用）	工、量、刃具的合理使用与保养	10					
8		板牙丝锥的正确操作	10					
9	主观评分 B（安全文明生产）	操作文明安全正确	10					
10		工、量、刃具摆放整齐	10					
11		正确“两穿两戴”	10					
12	客观 A 总分		60		客观 A 实际得分			
13	主观 B 总分		50		主观 B 实际得分			
14	总体得分率 AB				评定等级			
评分说明	1. 评分由客观评分 A 和主观评分 B 两部分组成，其中客观评分 A 占 85%，主观评分 B 占 15% 2. 客观评分 A 分值为 10 分、0 分，主观评分 B 分值为 10 分、9 分、7 分、5 分、3 分、0 分 3. 总体得分率 AB：（A 实际得分×85%＋B 实际得分×15%）/（A 总分×85%＋B 总分×15%）×100% 4. 评定等级：根据总体得分率 AB 评定，具体为 AB≥92%＝1，AB≥81%＝2，AB≥67%＝3，AB≥50%＝4，AB≥30%＝5，AB<30%＝6							

拓展活动

拆装如图 5-1-2 所示的台虎钳，并达到功能要求。

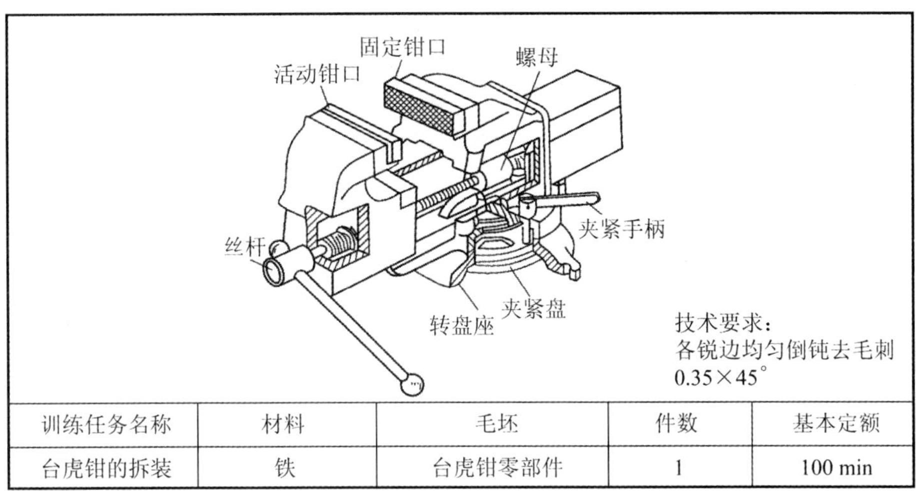

训练任务名称	材料	毛坯	件数	基本定额
台虎钳的拆装	铁	台虎钳零部件	1	100 min

图 5-1-2　台虎钳的拆装

任务二　挂锁的修配

任务目标

按图 5-2-1 所示修配挂锁，并达到图样所规定的要求。

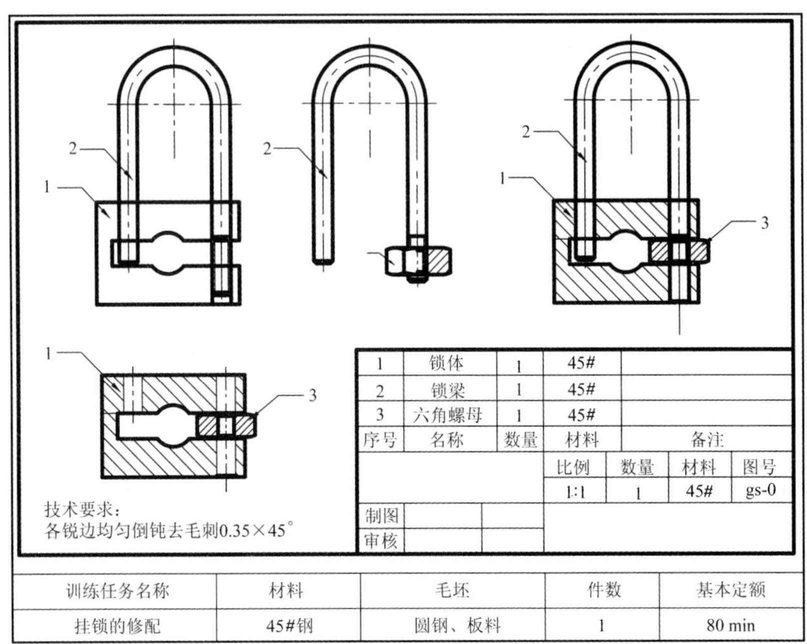

1	锁体	1	45#	
2	锁梁	1	45#	
3	六角螺母	1	45#	
序号	名称	数量	材料	备注

比例	数量	材料	图号
1:1	1	45#	gs-0

制图	
审核	

训练任务名称	材料	毛坯	件数	基本定额
挂锁的修配	45#钢	圆钢、板料	1	80 min

图 5-2-1　挂锁的修配

学习活动

一、 机械产品的装配精度

产品的装配精度一般包括零部件间的尺寸精度、位置精度、相对运动精度和接触精度四个方面，见表 5-2-1。

表 5-2-1 机械装配精度

名称	说明
尺寸精度	尺寸精度包括距离精度和配合精度；距离精度是指相关零部件间的距离尺寸精度，包括间隙、过盈配合要求；配合精度是指各零部件配合面间的间隙或过盈要求
位置精度	位置精度包括相关零部件间的平行度、垂直度、同轴度和各种跳动等
相对运动精度	相对运动精度是指有相对运动的零部件间在运动方向和运动位置上的精度；运动方向上的精度包括零部件间相对运动时的直线度、平行度和垂直度等；而运动位置上的精度即传动精度是指内联系传动链中，始末两端传动元件间相对运动精度
接触精度	接触精度是指配合表面、接触表面达到规定接触面积与接触点分布的情况，它影响到接触刚度和配合质量

产品是由零件和部件组成的，所以零件的精度特别是关键零件的加工精度，对装配精度有很大的影响。

产品的装配精度和零件的加工精度有密切的关系。零件精度是保证装配精度的基础，但装配精度不完全取决于零件精度。要合理地获得装配精度，应从产品结构、机械加工和装配方法等进行综合考虑。

二、 保证装配精度的方法

机械产品的精度要求，最终是靠装配实现的。在生产中保证产品精度的具体装配方法有许多种，具体可归纳为互换装配法、选配装配法、修配装配法和调整装配法四大类，见表 5-2-2。

表 5-2-2　保证装配精度的方法

装配方法	说明	特点
互换装配法	指用控制零件的加工误差来保证装配精度的方法；在装配过程中每个待装配零件不经修配、只选择或调整，装配后就能达到装配精度要求的一种装配方法	装配工作简单、生产率高、便于组织流水作业、零件更换方便
选配装配法	指当装配精度要求极高，零件制造公差限制很严，致使几乎无法加工或加工成本太高时，可将制造公差放大到经济可行的程度，然后选择尺寸相当的零件进行分组装配来保证装配精度的一种装配方法	零件公差严，在装配前零件分组，按对应组分别进行装配；适用于内燃机、轴承等装配
修配装配法	指在装配过程中，通过修去某配合件上预留的修配量以达到装配精度要求的一种装配方法	提高装配精度，适当降低零件的精度，适合于单件小批量生产
调整装配法	指在装配时用改变产品中可调整零件的相对位置或选用合适的调整件以达到装配精度要求的方法	提高装配精度，可定期调整，容易操作

三、 螺纹件的装配

(一)常用螺纹连接件

螺纹连接件多为标准件，设计使用中应尽可能按标准选用。常用的螺纹连接件主要有螺栓、螺柱、螺钉、螺母和垫圈等，见表 5-2-3。

表 5-2-3　螺纹连接件

名称		图形
螺栓		d l

续表

名称		图形
双头螺柱		
螺钉		
紧定螺钉		
螺母		
垫圈		

(二)螺纹件的装配

普通螺纹装配的类型有螺栓连接、双头螺柱连接、螺钉连接和紧定螺钉连接四种，见表 5-2-4。

表 5-2-4　普通螺纹的装配技术要求

类型	螺栓连接	双头螺柱连接	螺钉连接	紧定螺钉连接
结构				

续表

类型	螺栓连接	双头螺柱连接	螺钉连接	紧定螺钉连接
特点及应用	被连接件不厚，通孔不带螺纹，螺栓穿过通孔与螺母配合使用；装配后孔与杆间有间隙，结构简单，适用于经常装场合	双头螺柱螺杆两端有螺纹，装配时一端旋入被连接件螺纹孔，另一端配以螺母，适用于经常拆卸被连接件之一较厚的装配，拆卸时只需拆螺母	适用于被连接件之一较厚且带有螺纹孔，不经常装拆，一端有螺钉头，不需要螺母，受载荷较小的情况	紧定螺钉的末端顶住某连接件的表面或旋入零件相应的凹坑中以固定零件的相对位置；适用于轴与轴上零件的连接，传递不大的轴向力或转矩场合
装配要求	1. 保证螺栓、螺柱、螺钉和机体螺纹的配合有足够的紧固性 2. 双头螺柱的轴线必须与机体表面垂直；装配时可用角尺进行检验，当垂直度误差较小时，可将螺孔用丝锥校正后再进行装配 3. 装入螺纹件时，必须用润滑油，以免旋入时发生咬住现象，同时便于今后拆卸更换 4. 保证螺纹连接的配合精度，并有可靠的放松装置，以防止摩擦力矩减小和螺母回转			

实践活动

一、实践条件

实践条件见表 5-2-5。

表 5-2-5　实践条件

类型	名称
设备	台虎钳、锯工、钻床
量具	高度游标卡尺、游标卡尺、钢直尺、刀口角尺、万能角度尺
工具	软锤子、硬锤子、划针、划规、扳手、样冲、板牙架、铰杠、套筒
刃具	锉刀、锯条、板牙、丝锥、钻头
材料	圆钢、板料
其他	切削液、软钳口

二、 实践步骤

挂锁修配的实践步骤见表 5-2-6。

表 5-2-6 挂锁修配的实践步骤

序号	步骤	说明
1	实践准备	安全教育，分析图样
2	修配锁体和螺母	修配挂锁锁体 1 的长方槽和六角螺母 3 的上下端面，要求六角螺母 3 上下端面与锁体 1 长方槽的贴合面应平整光洁，否则螺母 3 上下端面与锁体 1 的长方槽容易发生卡住现象；最后去除锁体 11 长方槽边缘毛刺，擦净上油
3	修配锁体和锁梁	修配挂锁锁体 1 的左右两深孔和锁梁 2 的锁杆，要求锁体 1 的左右两深孔轴线与锁体 1 上下两端面垂直以及深孔表面应光滑无毛刺；锁梁 2 的两锁杆轴线弯形应平行，以及间隙配合插入锁体 1 的左右两深孔中，有螺纹一端锁杆应保证螺纹无损坏，锁杆两轴线应与锁体 1 上下两端面保证垂直；最后去除锁体两深孔和锁梁 2 的两锁杆毛刺，擦净上油
4	修配锁梁和螺母	修配挂锁锁梁 2 的有螺纹端锁杆和六角螺母 3，要求有螺纹端锁杆与六角螺母 3 符合螺纹连接的要求，螺纹旋入部分如有卡死现象，应用板牙和丝锥进行校正修配，去除六角螺母 3 和有螺纹端锁杆边缘毛刺，擦净上油
5	整体总修配	整体总修配挂锁锁体 1、锁梁 2 和六角螺母 3，要求根据装配图样和装配关系进行细节修配，要求转动六角螺母 3 可以使锁梁 2 在锁体 1 孔内上下移动自如，达到挂锁开启与关闭的功能，最后所有挂锁零件擦净上油

三、 注意事项

(1)螺纹配合应做到用手自由旋入。过紧螺纹易咬坏，过松螺纹易断裂。

(2)螺母上下端面应与螺杆螺纹轴线垂直，使其受力均匀。

(3)清洗零件前，先用丝锥和板牙去除内外螺纹的杂物。

(4)螺母、螺杆与零件的贴合面应平整光洁，否则螺母上下端面、螺杆与零件容易发生卡死现象。

(5)装配成组螺母、螺杆时，为了保证零件贴合面受力均匀，应按一定顺序来旋紧。

(6)所有零件在装配前应去除毛刺，清洗干净，表面涂上适量润滑油。装配时各零件应做好记号，方便以后的拆装。

专业对话

1. 谈一谈机械产品的装配精度主要有哪几个方面。

2. 谈一谈保证装配精度的方法有哪些。

3. 谈一谈常用的螺纹连接件是否为标准件，主要有哪些。

4. 谈一谈常用的螺纹连接的装配有哪些方法。

任务评价

考核标准见表 5-2-7。

表 5-2-7　考核标准

<table>
<tr><th>序号</th><th>检测内容</th><th>检测项目</th><th>分值</th><th>检测量具</th><th>自测结果</th><th>得分</th><th>教师检测结果</th><th>得分</th></tr>
<tr><td>1</td><td rowspan="4">客观评分 A（几何公差与表面质量）</td><td>锁体和螺母符合要求</td><td>10</td><td></td><td></td><td></td><td></td><td></td></tr>
<tr><td>2</td><td>锁体和锁梁符合要求</td><td>10</td><td></td><td></td><td></td><td></td><td></td></tr>
<tr><td>3</td><td>锁梁和螺母符合要求</td><td>10</td><td></td><td></td><td></td><td></td><td></td></tr>
<tr><td>4</td><td>挂锁能开启闭锁功能</td><td>10</td><td></td><td></td><td></td><td></td><td></td></tr>
<tr><td>5</td><td rowspan="2">主观评分 B（设备及工、量、刃具的维修使用）</td><td>工、量、刃具的合理使用与保养</td><td>10</td><td></td><td></td><td></td><td></td><td></td></tr>
<tr><td>6</td><td>板牙丝锥的正确操作</td><td>10</td><td></td><td></td><td></td><td></td><td></td></tr>
<tr><td>7</td><td rowspan="3">主观评分 B（安全文明生产）</td><td>操作文明安全正确</td><td>10</td><td></td><td></td><td></td><td></td><td></td></tr>
<tr><td>8</td><td>工、量、刃具摆放整齐</td><td>10</td><td></td><td></td><td></td><td></td><td></td></tr>
<tr><td>9</td><td>正确“两穿两戴”</td><td>10</td><td></td><td></td><td></td><td></td><td></td></tr>
<tr><td>10</td><td colspan="2">客观 A 总分</td><td colspan="2">40</td><td colspan="2">客观 A 实际得分</td><td colspan="2"></td></tr>
<tr><td>11</td><td colspan="2">主观 B 总分</td><td colspan="2">50</td><td colspan="2">主观 B 实际得分</td><td colspan="2"></td></tr>
<tr><td>12</td><td colspan="2">总体得分率 AB</td><td colspan="2"></td><td colspan="2">评定等级</td><td colspan="2"></td></tr>
</table>

续表

序号	检测内容	检测项目	分值	检测量具	自测结果	得分	教师检测结果	得分
评分说明	1. 评分由客观评分 A 和主观评分 B 两部分组成，其中客观评分 A 占 85%，主观评分 B 占 15% 2. 客观评分 A 分值为 10 分、0 分，主观评分 B 分值为 10 分、9 分、7 分、5 分、3 分、0 分 3. 总体得分率 AB：(A 实际得分×85%＋B 实际得分×15%)/(A 总分×85%＋B 总分×15%)×100% 4. 评定等级：根据总体得分率 AB 评定，具体为 AB≥92%＝1，AB≥81%＝2，AB≥67%＝3，AB≥50%＝4，AB≥30%＝5，AB<30%＝6							

拓展活动

如图 5-2-2 所示，假如某机器的齿轮与轴装配时损坏一个普通平键，现需要修配加工一个新的普通平键(A 型)，要求宽度 $b=18$ mm，高度 $h=20$ mm，长度 $L=60$ mm，即键 18×60，最后达到图样所规定的要求。

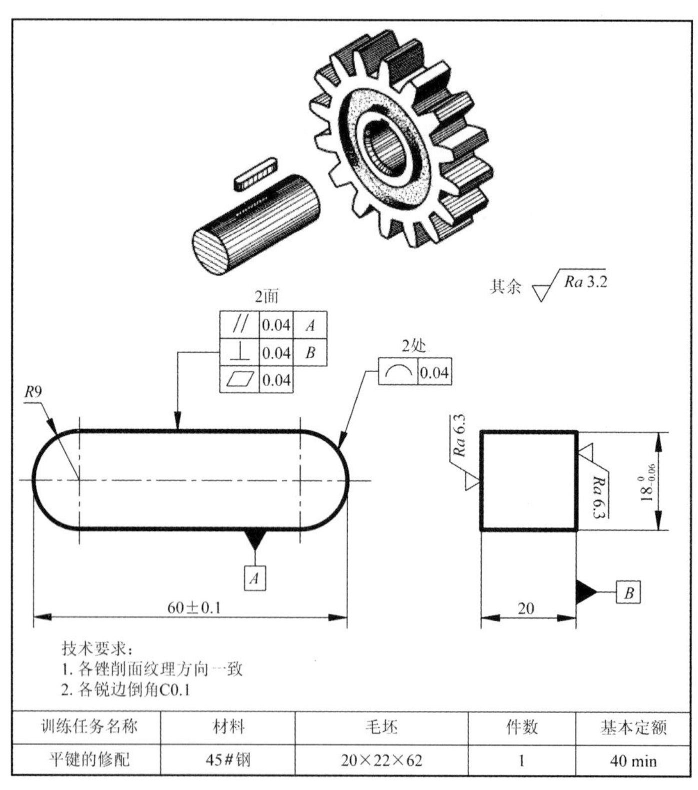

图 5-2-2　平键的修配

任务三 钥匙的仿形锉配

任务目标

利用钳工工具锉配挂锁钥匙，按图 5-3-1 所示达到图样要求。

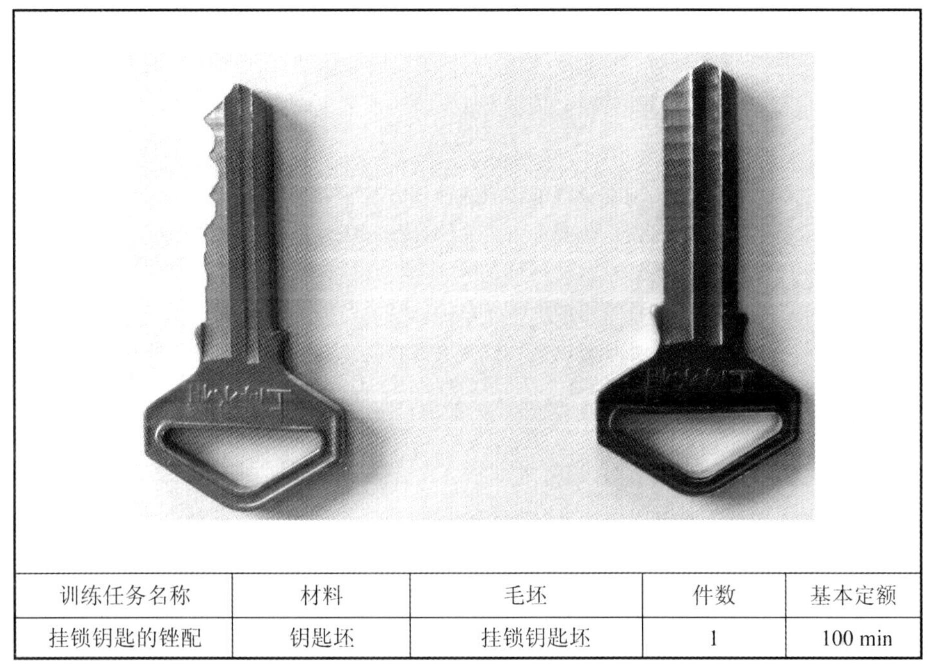

训练任务名称	材料	毛坯	件数	基本定额
挂锁钥匙的锉配	钥匙坯	挂锁钥匙坯	1	100 min

图 5-3-1 挂锁钥匙的锉配

学习活动

一、 仿形加工

仿形加工是以预先制成的靠模为依据，加工时触头对靠模表面施加一定的压力，并沿其表面上、下移动，通过仿形机构，使刀具做同步仿形动作，从而在零件毛坯上加工出与靠模相同型面的零件。

常用的仿形加工有仿形车削、仿形刨削和仿形铣削等，见表 5-3-1。仿形运动可分为平面仿形和立体仿形等。仿形机床的加工精度因切削用量不同而异，一般为 ±0.03～±0.1 mm，表面粗糙度一般为 *Ra* 1.25～*Ra* 5。

表 5-3-1 仿形加工方法

仿形加工方法	说明
仿形车削	仿形车削是平面轮廓仿形，需要两个方向的进给运动。一般仿形装置是使车刀在纵向进给的同时，又使车刀按照预定的轨迹横向运动，通过纵向与横向的运动合成，完成复杂旋转曲面的内、外形面加工
仿形铣削	仿形铣削主要用于加工非旋转体的复杂成形表面的零件，如凸轮、凸轮轴、螺旋浆叶片、锻模、冷冲模的成形或形腔表面等；仿形铣削可以在普通立式铣床上安装仿形装置来实现，也可以在仿形铣床上进行
仿形刨削	仿形刨削在仿形刨床上进行，仿形刨床又称刨模机、冲头刨床，用于加工由直线和圆弧组成的各种形状复杂的零件或凸模。在仿形刨床上仿形精加工凸模是指工件与刀具间形成母线的相对运动关系是根据工件划出的图线来进行调整的；加工时，利用刨刀的切削运动和凸模毛坯的纵向、横向送进和旋转，即可加工出各种复杂形状的凸模

二、 配钥匙机简介

配钥匙机是采用机械加工中的仿形原理或者靠模加工来加工钥匙的。配钥匙机采用仿形加工中的仿形铣削。

配钥匙机是目前一种比较理想的修配锁匙专用机械。市场上主要有卧式配钥匙机和立式配钥匙机两种，见表 5-3-2。卧式配钥匙机是配平板匙、十字匙、摩托匙、汽车匙等，那些像锯齿形的钥匙都是用卧式配钥匙机配的，精度准，质量可靠；立式配钥匙机是配电脑钥匙的，也就是打孔的防盗门钥匙，表面上有一个个小坑的钥匙。

表 5-3-2 配钥匙机的种类

种类	图示
卧式配钥匙机	

续表

种类	图示
立式配钥匙机	

实践活动

一、 实践条件

实践条件见表 5-3-3。

表 5-3-3　实施条件

类别	名称
设备	台虎钳、锯工、钻床
量具	高度游标卡尺、游标卡尺、钢直尺、刀口角尺、万能角度尺
工具	软锤子、硬锤子、划针、划规、扳手、样冲、板牙架、铰杠、套筒
刀具	锉刀(三角锉、方锉、板锉)、整形锉、锯条、板牙、丝锥、钻头
材料	挂锁及其钥匙、钥匙坯
其他	切削液、软钳口

二、 实践步骤

实践步骤见表 5-3-4。

表 5-3-4　挂锁钥匙锉配的实践步骤

序号	步骤	说明
1	实践准备	安全教育，钥匙齿形分析
2	准备挂锁钥匙坯	根据任务要求事先自购好挂锁及其对应钥匙坯，注意购买时观察挂锁钥匙的结构并购买与挂锁钥匙结构大小、匙槽一样的钥匙坯

续表

序号	步骤	说明
3	钥匙坯的划线	把钥匙坯和成品钥匙重合在一起，将它们的定位齿对齐，匙背对齐，然后用手指把它们的匙柄一起用力夹住，使用划针刻划出每一个匙齿的最高点和匙齿凹槽最低点，并连线最低点和最高点，划完后应仔细检查所划的加工线是否有误
4	钥匙坯的装夹	挂锁钥匙坯的装夹时，必须使用软钳口垫在台虎钳钳口处；把钥匙坯和成品钥匙重合在一起，将它们的定位齿对齐，匙背对齐，再把它们的匙柄一起夹在台虎钳软钳口上，注意夹持的力度适当，以防夹变形钥匙和钥匙坯，并检查是否夹持平行钥匙齿和钥匙坯
5	钥匙坯的锉配	先用三角形的整形锉刻锉特殊位置的钥匙齿，再用圆形和其他形状的整形锉，按成品钥匙的牙形锉钥匙坯；锉配时要时刻注意成品钥匙的匙齿保护，以防锉掉匙齿影响开锁功能
6	钥匙坯的修整	钥匙坯的基本齿形锉好后，用平锉修整匙背和匙尖，用断锯条修整匙槽，刮除匙牙上的毛刺
7	锉好钥匙开锁	修整钥匙，并不断地去试插挂锁的钥匙孔是否能打开锁

三、 注意事项

(1)注意购买挂锁和钥匙坯时，应先看仔细挂锁钥匙的结构大小和匙槽，再购买需要的钥匙坯。

(2)划钥匙坯，必须重合夹紧、定位准确、齿对齐、匙背对齐。

(3)装夹钥匙坯时，注意先垫上软钳口，再把钥匙坯和成品钥匙重合在一起装夹牢固，但夹持力度应适当，以防夹变形钥匙和钥匙坯。

(4)锉配钥匙坯时，要合理正确选择不同的整形锉，特别注意匙齿部位的锉削方法。

(5)锉配钥匙匙齿部位的确定，应在下手锉削时从原成品钥匙齿观察好细节部位，避免造成匙齿局部齿槽过大或匙齿变窄。

(6)修锉钥匙匙齿、清角时，锉刀的选择和用力一定要合理把握，防止修大匙齿槽或锉坏相邻匙齿。

专业对话

1. 谈一谈锉配钥匙时，应怎样装夹钥匙毛坯比较合理？

2. 谈一谈锉配钥匙时，应如何选择锉刀的种类来保证匙齿？

3. 谈一谈如果你配制的钥匙在进行开锁检验时不能打开锁，应如何解决？

4. 谈一谈对仿形加工的理解。

5. 谈一谈常用的钥匙一般是由哪些材料制造的？

任务评价

考核标准见表 5-3-5。

表 5-3-5　考核标准

<table>
<tr><th>序号</th><th>检测内容</th><th>检测项目</th><th>分值</th><th>检测量具</th><th>自测结果</th><th>得分</th><th>教师检测结果</th><th>得分</th></tr>
<tr><td>1</td><td rowspan="3">客观评分 A（几何公差与表面质量）</td><td>锉配钥匙表面质量好</td><td>10</td><td></td><td></td><td></td><td></td><td></td></tr>
<tr><td>2</td><td>锉配钥匙有开锁功能</td><td>10</td><td></td><td></td><td></td><td></td><td></td></tr>
<tr><td>3</td><td>原配钥匙匙齿无损坏</td><td>10</td><td></td><td></td><td></td><td></td><td></td></tr>
<tr><td>4</td><td rowspan="2">主观评分 B（设备及工、量、刃具的维修使用）</td><td>工、量、刃具的合理使用与保养</td><td>10</td><td></td><td></td><td></td><td></td><td></td></tr>
<tr><td>5</td><td>合理选择使用锉刀</td><td>10</td><td></td><td></td><td></td><td></td><td></td></tr>
<tr><td>6</td><td rowspan="3">主观评分 B（安全文明生产）</td><td>操作文明安全正确</td><td>10</td><td></td><td></td><td></td><td></td><td></td></tr>
<tr><td>7</td><td>工、量、刃具摆放整齐</td><td>10</td><td></td><td></td><td></td><td></td><td></td></tr>
<tr><td>8</td><td>正确“两穿两戴”</td><td>10</td><td></td><td></td><td></td><td></td><td></td></tr>
<tr><td>9</td><td>客观 A 总分</td><td colspan="2">30</td><td colspan="2">客观 A 实际得分</td><td colspan="3"></td></tr>
<tr><td>10</td><td>主观 B 总分</td><td colspan="2">50</td><td colspan="2">主观 B 实际得分</td><td colspan="3"></td></tr>
<tr><td>11</td><td>总体得分率 AB</td><td colspan="2"></td><td colspan="2">评定等级</td><td colspan="3"></td></tr>
</table>

续表

序号	检测内容	检测项目	分值	检测量具	自测结果	得分	教师检测结果	得分
评分说明	1. 评分由客观评分 A 和主观评分 B 两部分组成，其中客观评分 A 占 85%，主观评分 B 占 15% 2. 客观评分 A 分值为 10 分、0 分，主观评分 B 分值为 10 分、9 分、7 分、5 分、3 分、0 分 3. 总体得分率 AB：(A 实际得分×85%＋B 实际得分×15%)/(A 总分×85%＋B 总分×15%)×100% 4. 评定等级：根据总体得分率 AB 评定，具体为 AB≥92%＝1，AB≥81%＝2，AB≥67%＝3，AB≥50%＝4，AB≥30%＝5，AB<30%＝6							

拓展活动

要求：采用钳工工具锉配 401 十字锁钥匙，如图 5-3-2 所示。请自购 401 十字锁和十字锁钥匙坯，锉配十字锁钥匙并能开启所购买的 401 十字锁。

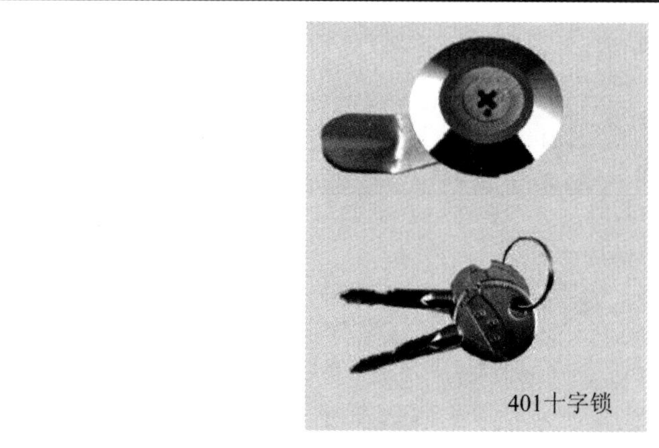

技术要求：
各锐边均匀倒钝去毛刺
0.35×45°

训练任务名称	材料	毛坯	件数	基本定额
401 十字锁钥匙的锉配	钥匙坯	401 十字锁钥匙坯	1	100 min

图 5-3-2　401 十字锁钥匙的锉配

附 录

附录一 工具钳工技能抽测模拟题

准备清单

1. 材料

序号	材料名称	规格	数量	备注
1	Q235	62×62×10	1 块/人	精度保证±0.5

2. 设备(备注：划线平台、钻床、砂轮机、钳台及附件配套齐全，布局合理)

序号	名称	规格	数量	备注
1	台钳工位	150 mm(台钳)	个/1 人	
2	台钻	自定	台/8 人	
3	平口钳	125 mm	个/8 人	
4	平板	300 mm×400 mm	块/10 人	精度 1 级
5	方箱	200 mm×200 mm×200 mm	个/10 人	精度 1 级
6	砂轮机	自定	台/20 人	

3. 工、量、刃具清单

序号	名称	规格	数量	备注
1	高度游标卡尺	0～300(0.02)	1	
2	游标卡尺	0～150(0.02)	1	
3	外径千分尺	0～25，25～50，50～75(0.01)	各 1	
4	万能角度尺	0～320°(2′)	1	
5	刀口角尺	100×63(0 级)	1	
6	角度样板	45°、60°	各 1	
7	麻花钻	φ3、φ6.8、φ9.8	各 1	
8	划针	自定	1	
9	锤子	自定	1	
10	样冲	自定	1	
11	钢直尺	150	1	
12	粗扁锉	250	1	
13	中扁锉	200，150	1	
14	细扁锉	150	1	
15	粗三角锉	250	1	
16	细三角锉	150	1	
17	整形锉	自定	1 套	
18	软钳口板	自定	1	
19	锉刀刷	自定	1	
20	毛刷	自定	1	
21	蓝油	自定	若干	

工具钳工技能抽测模拟题一

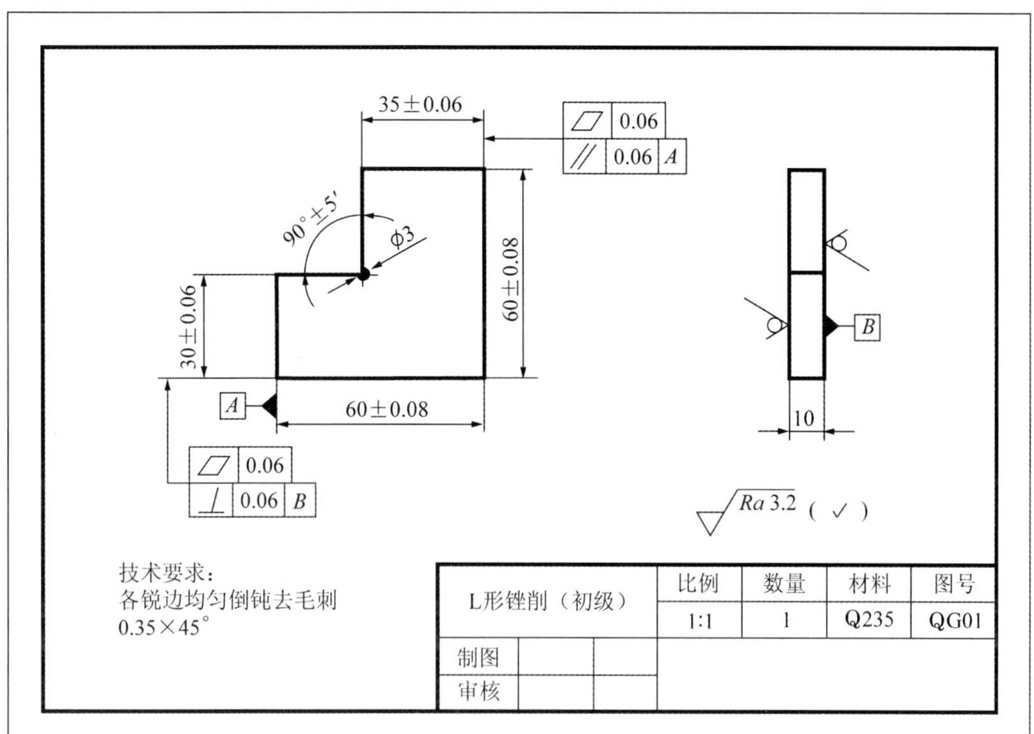

工具钳工技能抽测模拟题一评分表

序号	考核要求	配分	评分标准	检测结果	得分
1	60±0.08(2 处)	12×2	超差不得分		
2	35±0.06	13	超差不得分		
3	30±0.06	13	超差不得分		
4	90°±5′	10	超差不得分		
5	▱ 0.06 (2 处)	6×2	超差不得分		
6	// 0.06 A	6	超差不得分		
7	⊥ 0.06 B	6	超差不得分		
8	φ3 工艺孔	4	超差不得分		
9	表面 *Ra* 3.2(6 处)	2×6	超差 1 处扣 2 分		
10	安全文明生产(违者扣 1～10 分)				

监考人： 评分人：

工具钳工技能抽测模拟题二

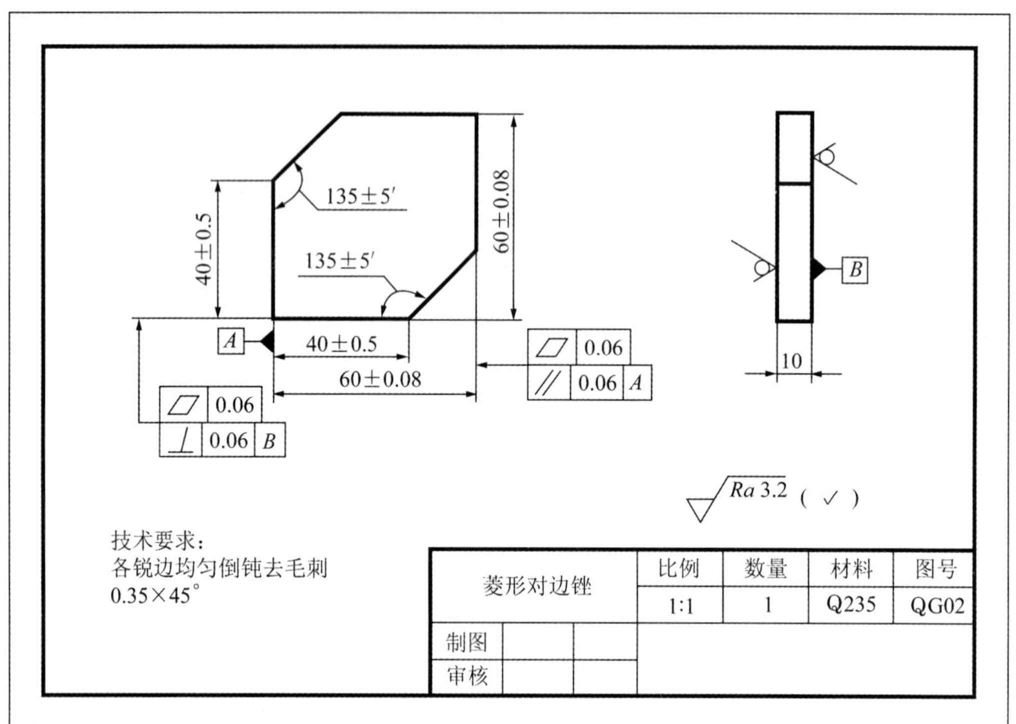

工具钳工技能抽测模拟题二评分表

序号	考核要求	配分	评分标准	检测结果	得分
1	60±0.08(2 处)	12×2	超差不得分		
2	40±0.06(2 处)	8×2	超差不得分		
3	135°±5′(2 处)	12×2	超差不得分		
4	▱ 0.06(2 处)	6×2	超差不得分		
5	// 0.06 A	6	超差不得分		
6	⊥ 0.06 B	6	超差不得分		
7	表面 *Ra* 3.2(6 处)	2×6	超差 1 处扣 2 分		
8	安全文明生产(违者扣 1～10 分)				

监考人： 评分人：

工具钳工技能抽测模拟题三

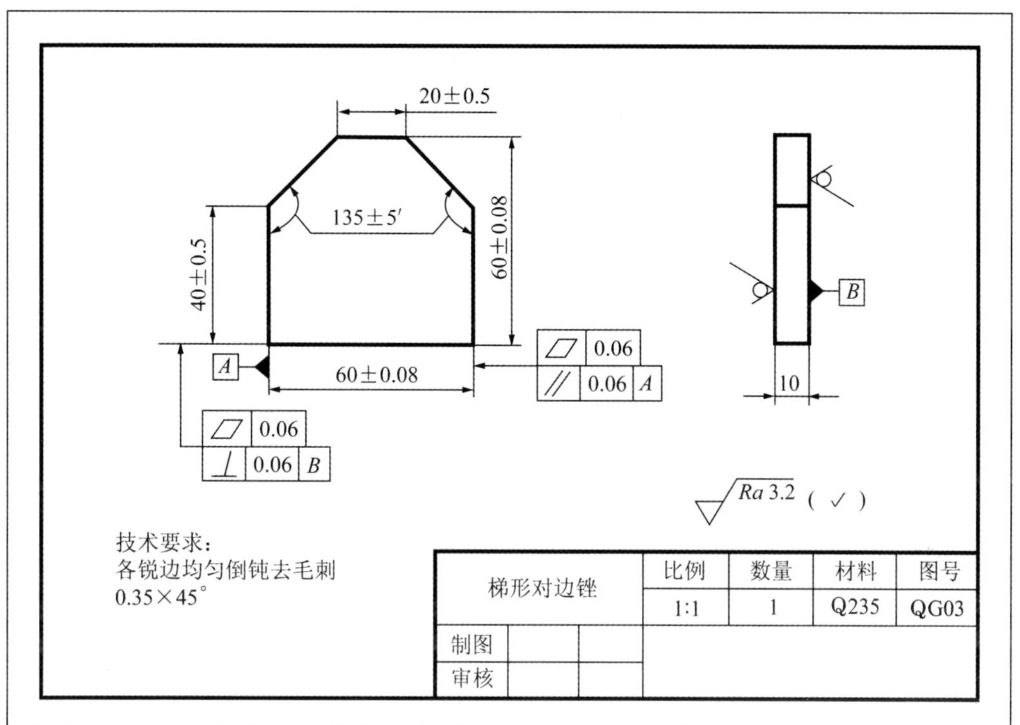

工具钳工技能抽测模拟题三评分表

序号	考核要求	配分	评分标准	检测结果	得分
1	60±0.08(2 处)	12×2	超差不得分		
2	40±0.5(2 处)	7×2	超差不得分		
3	20±0.5	6	超差不得分		
4	135°±5′(2 处)	10×2	超差不得分		
5	▱ 0.06 (2 处)	6×2	超差不得分		
6	// 0.06 A	6	超差不得分		
7	⊥ 0.06 B	6	超差不得分		
8	表面 *Ra* 3.2(6 处)	2×6	超差 1 处扣 2 分		
9	安全文明生产(违者扣 1～10 分)				

监考人：　　　　　　　　　　　　评分人：

工具钳工技能抽测模拟题四

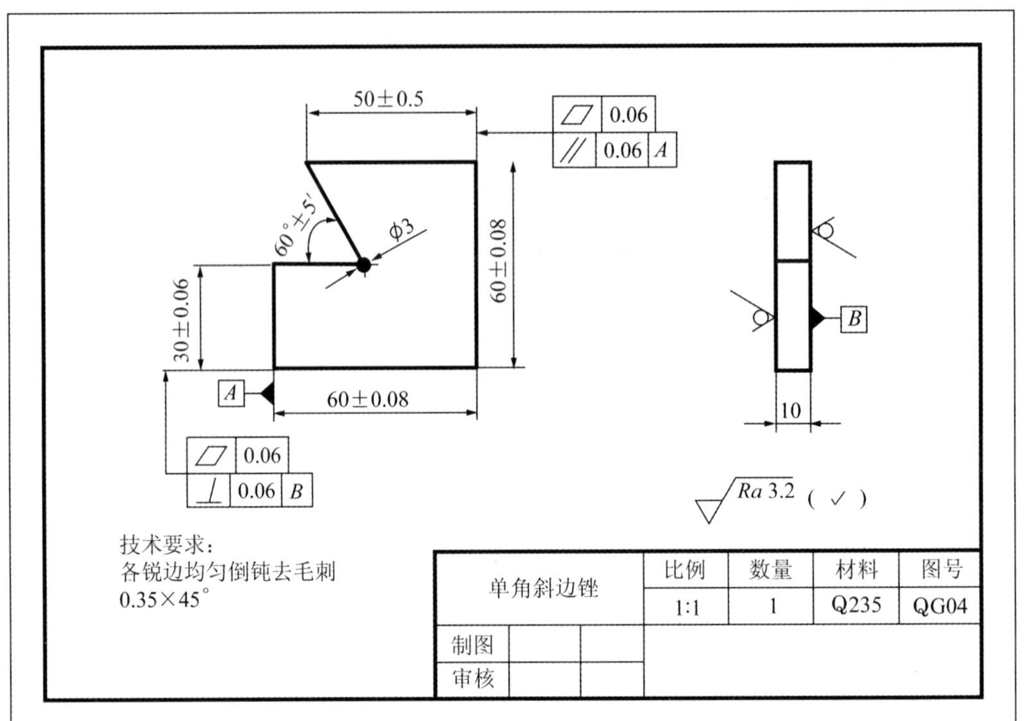

工具钳工技能抽测模拟题四评分表

序号	考核要求	配分	评分标准	检测结果	得分
1	60±0.08(2 处)	12×2	超差不得分		
2	30±0.06	13	超差不得分		
3	50±0.5	10	超差不得分		
4	60°±5′	13	超差不得分		
5	▱ 0.06 (2 处)	6×2	超差不得分		
6	// 0.06 A	6	超差不得分		
7	⊥ 0.06 B	6	超差不得分		
8	ϕ3 工艺孔	4	超差不得分		
9	表面 *Ra* 3.2(6 处)	2×6	超差 1 处扣 2 分		
10	安全文明生产(违者扣 1～10 分)				

监考人： 评分人：

工具钳工技能抽测模拟题五

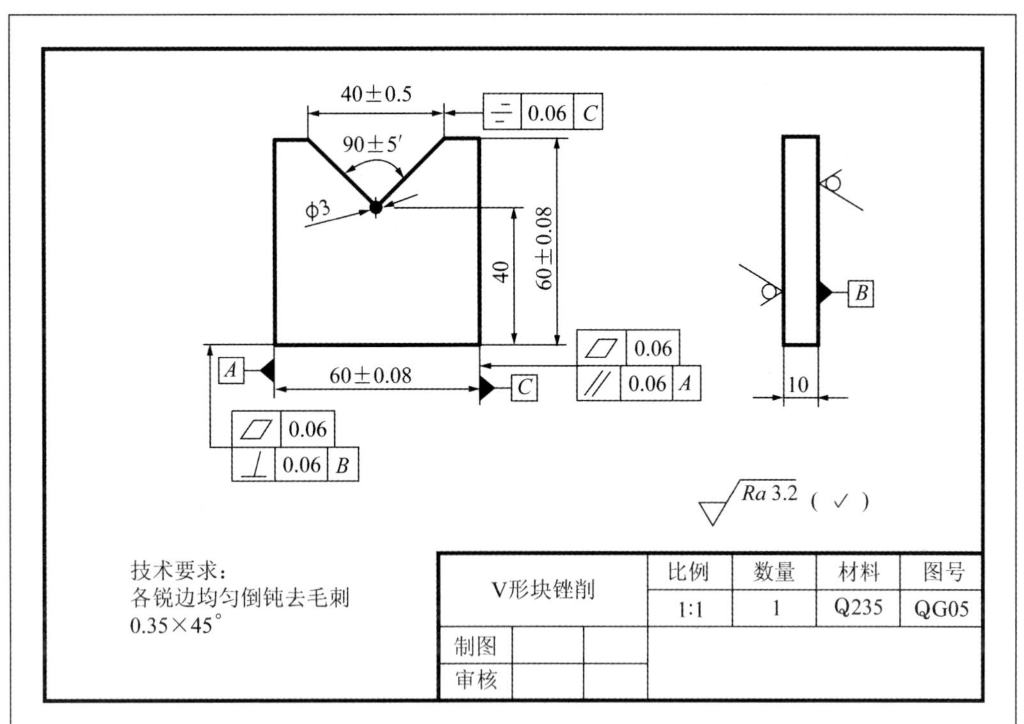

工具钳工技能抽测模拟题五评分表

序号	考核要求	配分	评分标准	检测结果	得分
1	60±0.08(2 处)	12×2	超差不得分		
2	40±0.5	10	超差不得分		
3	90°±5′	14	超差不得分		
4	▱ 0.06(2 处)	6×2	超差不得分		
5	// 0.06 A	6	超差不得分		
6	⊥ 0.06 B	6	超差不得分		
7	⌯ 0.06 C	12	超差不得分		
8	φ3 工艺孔	4	超差不得分		
9	表面 *Ra* 3.2(6 处)	2×6	超差 1 处扣 2 分		
10	安全文明生产(违者扣 1～10 分)				

监考人： 评分人：

附录二 工具钳工中级考核模拟题

准备清单

1. 材料

序号	材料名称	规格	数量	备注
1	Q235	60×70×8	1 块/人	精度保证±0.04

2. 设备(备注：划线平台、钻床、砂轮机、钳台及附件配套齐全，布局合理)

序号	名称	规格	数量	备注
1	台钳工位	150 mm(台钳)	个/1 人	
2	台钻	自定	台/8 人	
3	平口钳	125 mm	个/8 人	
4	平板	300 mm×400 mm	块/10 人	精度 1 级
5	方箱	200 mm×200 mm×200 mm	个/10 人	精度 1 级
6	砂轮机	自定	台/20 人	

3. 工、量、刃具清单

序号	名称	规格	数量	备注
1	高度游标卡尺	0～300(0.02)	1	
2	游标卡尺	0～150(0.02)	1	
3	外径千分尺	0～25，25～50，50～75(0.01)	各 1	
4	万能角度尺	0～320°(2′)	1	
5	刀口角尺	100×63(0 级)	1	
6	塞尺	0.02～1	1	
7	塞规	ϕ10 H7	1	
8	角度样板	45°、60°	各 1	
9	麻花钻	ϕ3、ϕ6.8、ϕ9.8	各 1	
10	直柄铰刀	ϕ10 H7	1	
11	丝锥	M8	1	
12	铰杠	自定	1	
13	锯弓	自定	1	
14	划针	自定	1	

续表

序号	名称	规格	数量	备注
15	锤子	自定	1	
16	样冲	自定	1	
17	钢直尺	150	1	
18	粗扁锉	250	1	
19	中扁锉	200、150	1	
20	细扁锉	150	1	
21	粗三角锉	250	1	
22	细三角锉	150	1	
23	整形锉	自定	1 套	
24	软钳口板	自定	1	
25	锉刀刷	自定	1	
26	毛刷	自定	1	
27	蓝油	自定	若干	

工具钳工中级考核模拟题一

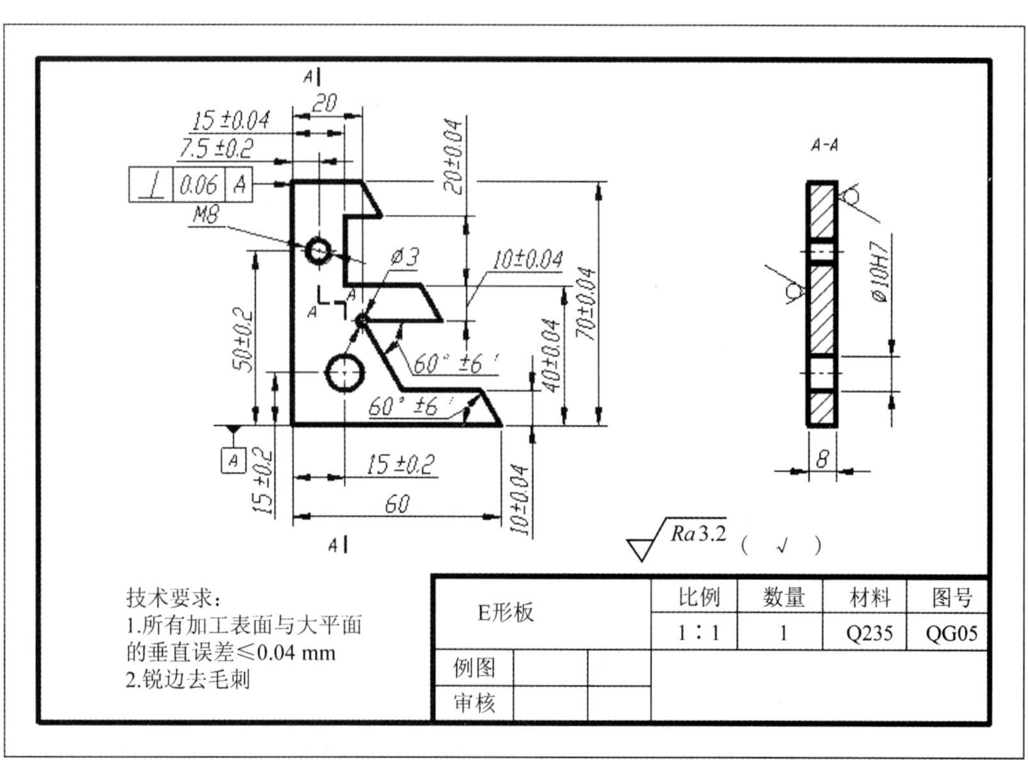

工具钳工中级考核模拟题一评分表

序号	考核要求	配分	评分标准	检测结果	得分
1	15±0.2(2 处)	4×2	超差不得分		
2	50±0.2	4	超差不得分		
3	7.5±0.2	4	超差不得分		
4	14±0.04	6	超差不得分		
5	20±0.04	6	超差不得分		
6	10±0.04(2 处)	6×2	超差不得分		
7	40±0.04	6	超差不得分		
8	70±0.04	6	超差不得分		
9	60°±6′(2 处)	5×2	超差不得分		
10	ϕ10H7	5	超差不得分		
11	∠ 0.06 A	4	超差不得分		
12	*M*8	5	超差不得分		
13	*Ra* 3.2(12 处)	1×12	超差 1 处扣 1 分		
14	技术要求 1(12 处)	1×12	超差 1 处扣 1 分		
15	安全文明生产(违者扣 1～10 分)				

监考人：　　　　　　　　　　　　评分人：

工具钳工中级考核模拟题二

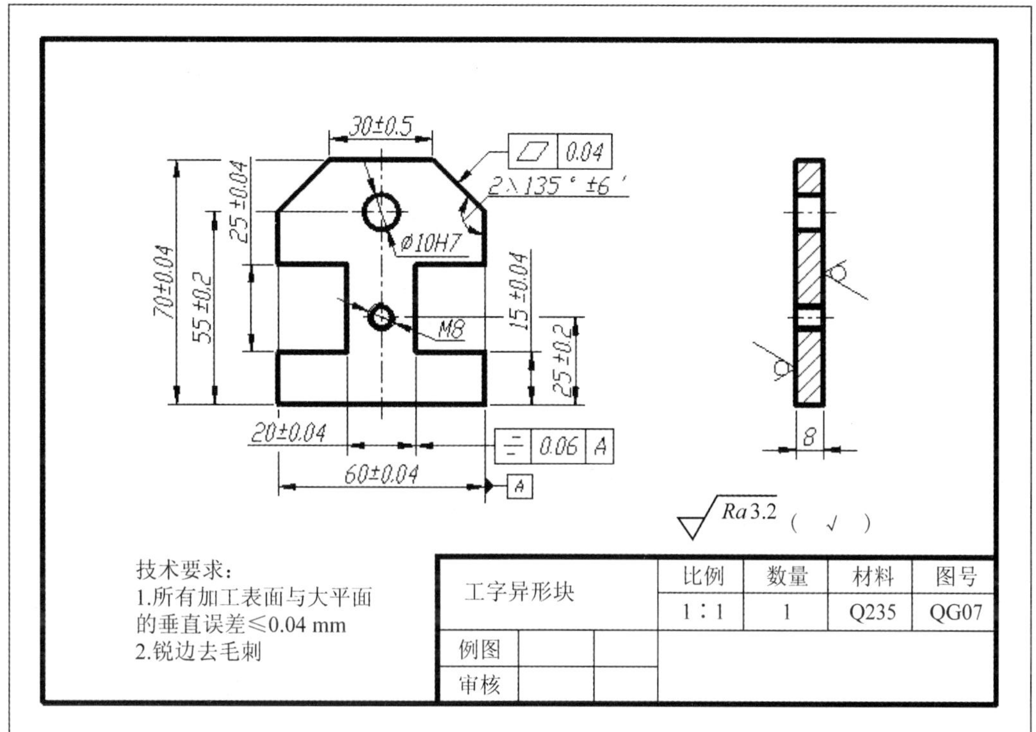

工具钳工中级考核模拟题二评分表

序号	考核要求	配分	评分标准	检测结果	得分
1	25±0.2	4	超差不得分		
2	55±0.2	4	超差不得分		
3	25±0.04	6	超差不得分		
4	70±0.04	6	超差不得分		
5	20±0.04	6	超差不得分		
6	60±0.04	6	超差不得分		
7	15±0.04(2 处)	6×2	超差不得分		
8	135°±6′(2 处)	5×2	超差不得分		
9	ϕ10H7	5	超差不得分		
10	*M*8	5	超差不得分		
11	⌯ 0.06 *A*	4	超差不得分		
12	▱ 0.04(2 处)	2×2	超差不得分		

续表

序号	考核要求	配分	评分标准	检测结果	得分
13	*Ra* 3.2(14 处)	1×14	超差 1 处扣 1 分		
14	技术要求 1(14 处)	1×14	超差 1 处扣 1 分		
15	安全文明生产(违者扣 1～10 分)				

监考人：　　　　　　　　　　　　　评分人：

工具钳工中级考核模拟题三

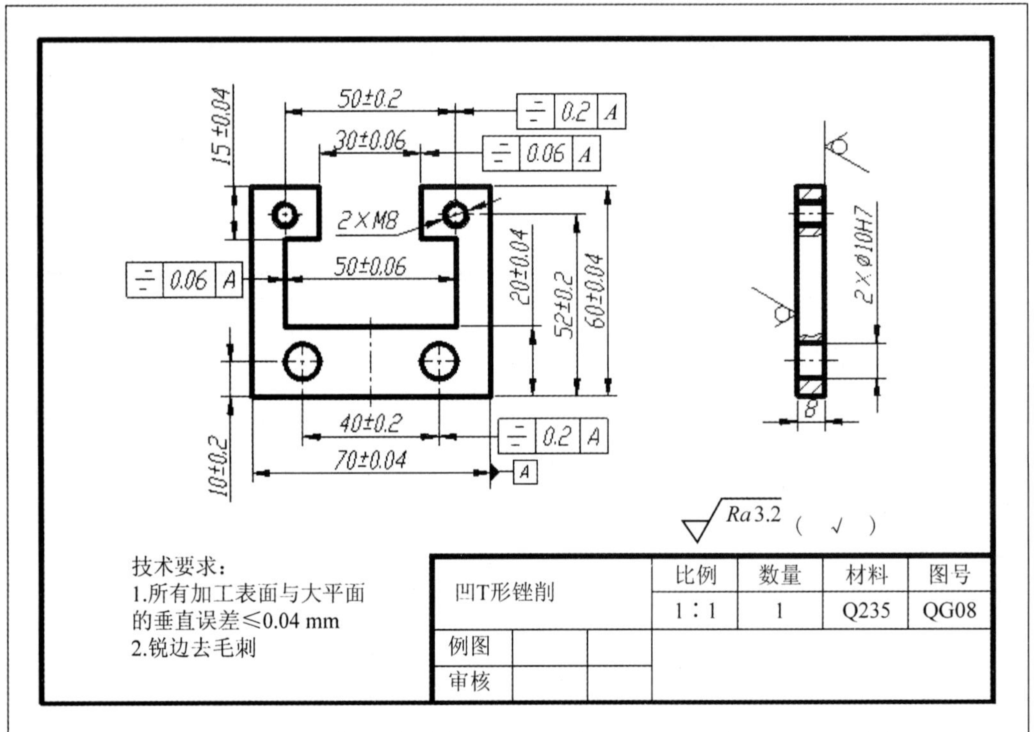

工具钳工中级考核模拟题三评分表

序号	考核要求	配分	评分标准	检测结果	得分
1	50±0.2	4	超差不得分		
2	40±0.2	4	超差不得分		
3	10±0.2(2 处)	4×2	超差不得分		
4	52±0.2(2 处)	4×2	超差不得分		
5	30±0.04	4	超差不得分		
6	15±0.04(2 处)	4×2	超差不得分		

续表

序号	考核要求	配分	评分标准	检测结果	得分
7	50±0.06	4	超差不得分		
8	70±0.04	4	超差不得分		
9	60±0.04	4	超差不得分		
10	20±0.04	4	超差不得分		
11	ϕ10H7(2处)	4×2	超差不得分		
12	M8(2处)	4×2	超差不得分		
13	[⌯ 0.06 A](2处)	2×2	超差不得分		
14	[⌯ 0.2 A](2处)	2×2	超差不得分		
15	*Ra* 3.2(12处)	1×12	超差1处扣1分		
16	技术要求1(12处)	1×12	超差1处扣1分		
17	安全文明生产(违者扣1～10分)				

监考人：　　　　　　　　　　　　　　　　评分人：

工具钳工中级考核模拟题四

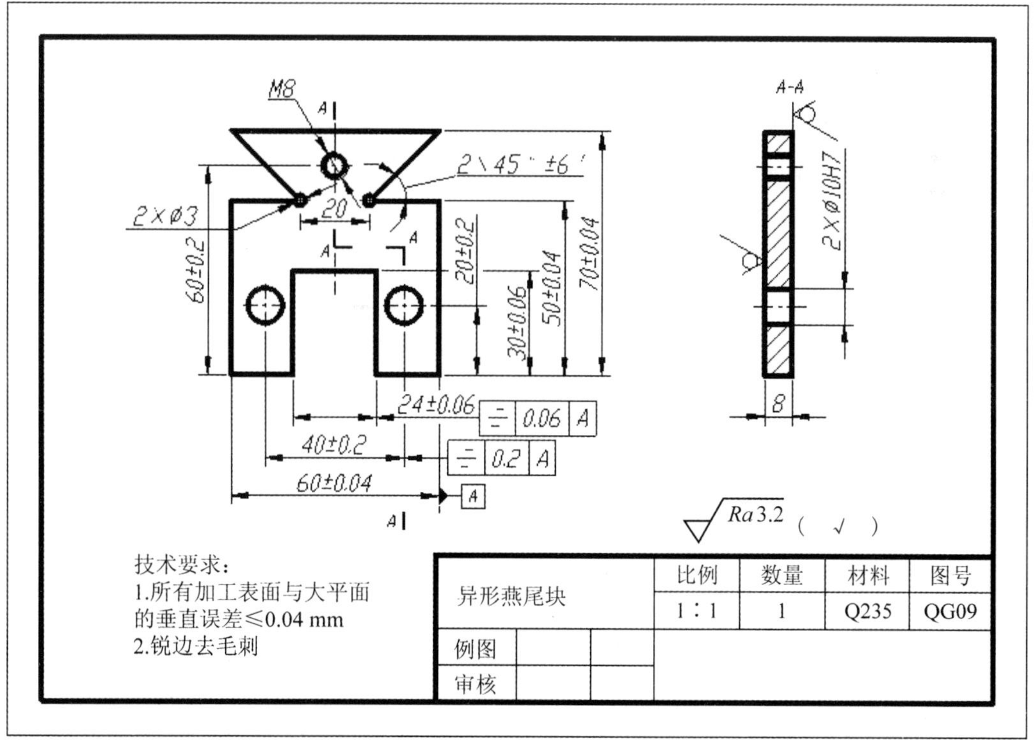

工具钳工中级考核模拟题四评分表

序号	考核要求	配分	评分标准	检测结果	得分
1	60±0.2	4	超差不得分		
2	40±0.2	4	超差不得分		
3	20±0.2(2处)	5×2	超差不得分		
4	24±0.06	5	超差不得分		
5	60±0.04	5	超差不得分		
6	30±0.06	5	超差不得分		
7	50±0.04(2处)	5×2	超差不得分		
8	70±0.04	4	超差不得分		
9	45°±6′(2处)	4×2	超差不得分		
10	ϕ10H7(2处)	4×2	超差不得分		
11	$M8$	5	超差不得分		
12	⌯ 0.06 A	4	超差不得分		
13	⌯ 0.2 A	4	超差不得分		
14	Ra 3.2(12处)	1×12	超差1处扣1分		
15	技术要求1(12处)	1×12	超差1处扣1分		
16	安全文明生产(违者扣1～10分)				

监考人：　　　　　　　　　　　　　　　评分人：

工具钳工中级考核模拟题五

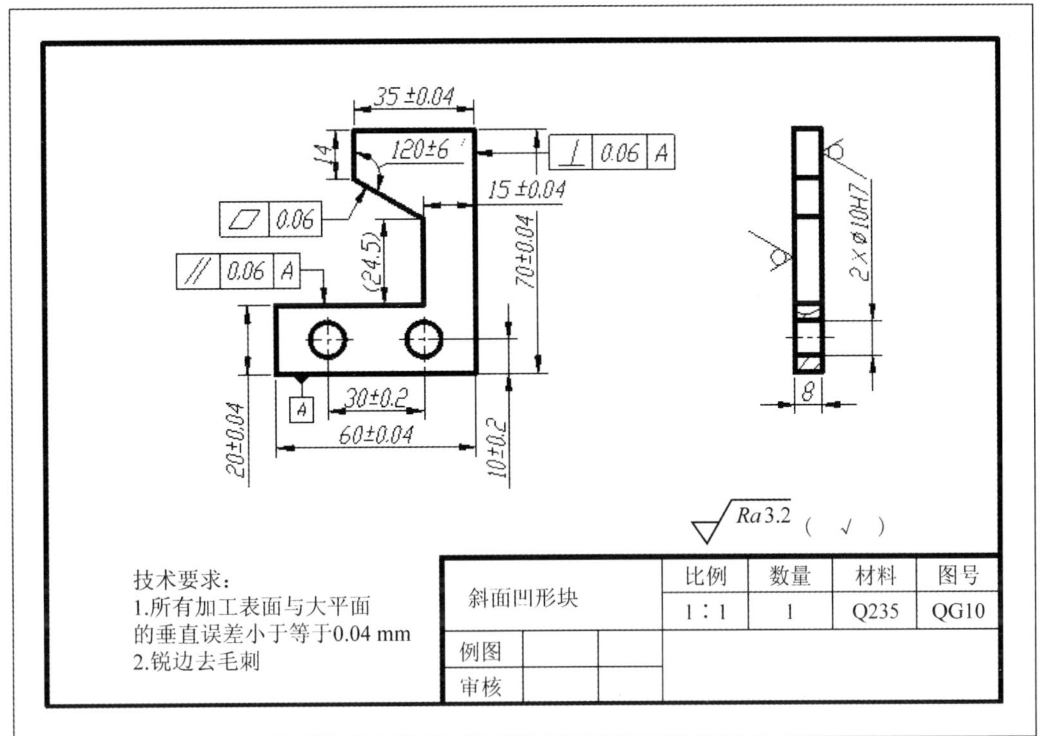

工具钳工中级考核模拟题五评分表

序号	考核要求	配分	评分标准	检测结果	得分
1	60±0.04	8	超差不得分		
2	70±0.04	8	超差不得分		
3	10±0.2(2处)	4×2	超差不得分		
4	30±0.2	6	超差不得分		
5	35±0.04	6	超差不得分		
6	20±0.04	6	超差不得分		
7	15±0.04	6	超差不得分		
8	120°±6′	6	超差不得分		
9	φ10H7(2处)	5×2	超差不得分		
10	∠ 0.06 A	4	超差不得分		
11	▱ 0.06	4	超差不得分		

续表

序号	考核要求	配分	评分标准	检测结果	得分
12	// 0.06 A	4	超差不得分		
13	*Ra* 3.2(8 处)	1.5×8	超差 1 处扣 1.5 分		
14	技术要求 1(8 处)	1.5×8	超差 1 处扣 1.5 分		
15	安全文明生产(违者扣 1～10 分)				

监考人： 评分人：

附录三 工具钳工技能高考模拟题

准备清单

1. 工件材料

序号	材料名称	规格/mm	数量	备注
1	Q235	60.5×80.5×7.5	1/每位考生	按实际考生人数准备

2. 备料图

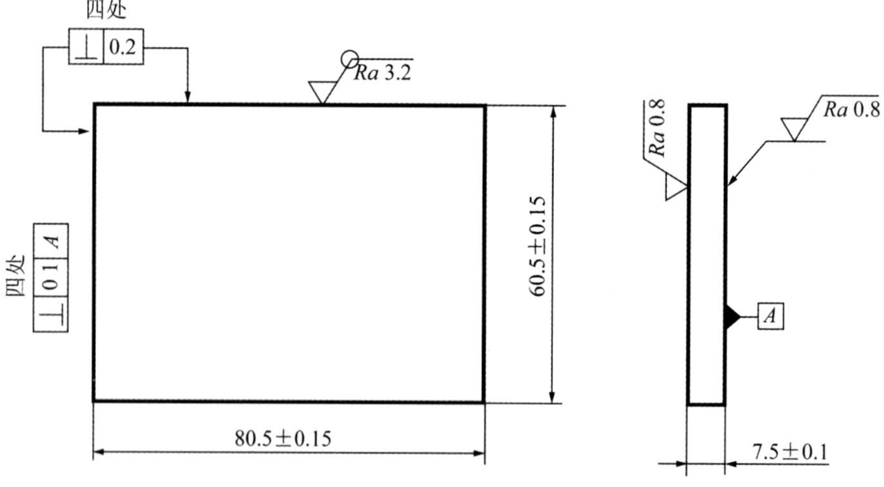

加工要求如下。

(1)操作考试时间150分钟，包括工件加工与交卷、考试结束前的工位清理、卫生工作等。出现以下情况考生必须立即停止考试。

①考评人员指出考生严重违反安全操作规程，经同意后，才能继续考试。

②考试时间结束。未完成的工件加工项目不得分。

③发生重大安全事故，终止考试。

(2)操作零件图。

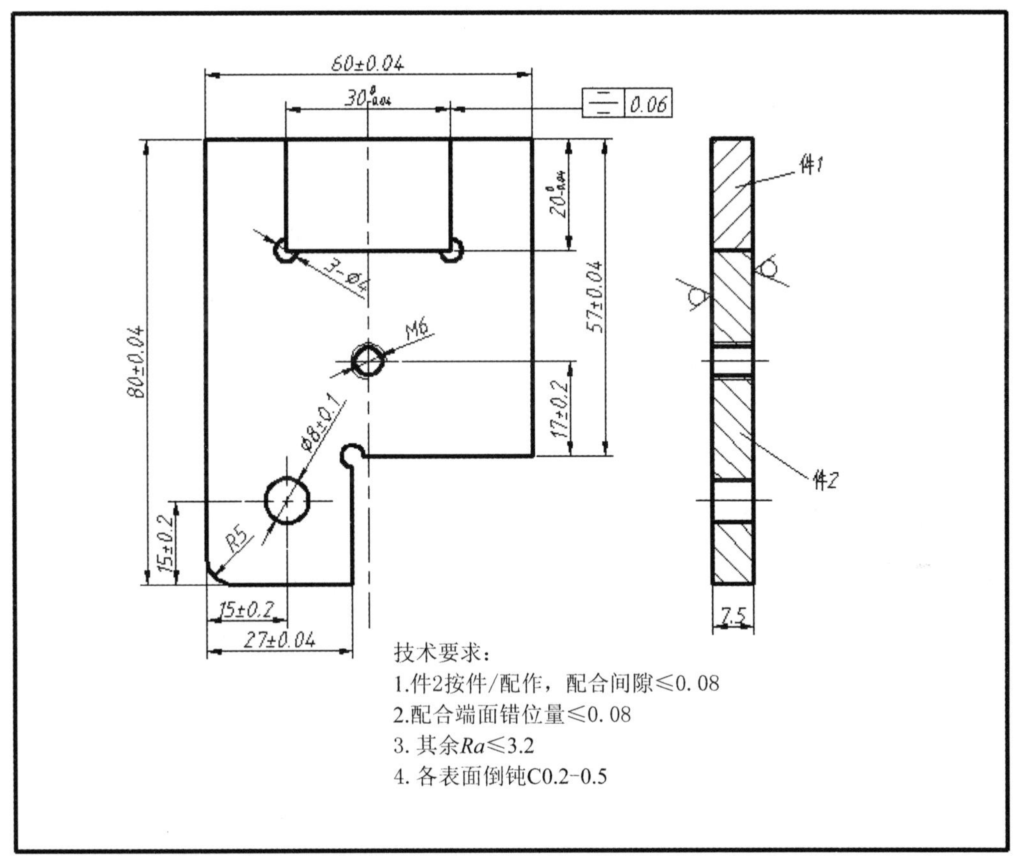

3. 检测评分表

项目	序号	考核要求	配分	评分标准	检测结果	得分
件1	1	$20^{\ 0}_{-0.04}$	10	每超差0.01扣2分		
	2	$30^{\ 0}_{-0.04}$	10	每超差0.01扣2分		
	3	*Ra* ≤3.2(4处)	1×4	超差不得分		

续表

项目	序号	考核要求	配分	评分标准	检测结果	得分
件 1	4	80±0.04	8	每超差 0.01 扣 2 分		
	5	60±0.04	8	每超差 0.01 扣 2 分		
	6	57±0.04	8	每超差 0.01 扣 2 分		
	7	27±0.04	8	每超差 0.01 扣 2 分		
	8	17±0.2	4	每超差 0.01 扣 1 分		
	9	15±0.2(2 处)	4×2	每超差 0.01 扣 1 分		
	10	ϕ8±0.10	5	每超差 0.01 扣 1 分		
	11	*M*6	5	每超差 0.01 扣 2 分		
	12	R5	5	牙形不完整或歪斜		
	13	对称度公差 0.06	4	扣分		
	14	各表面倒钝 C0.2−0.5	4	超差扣分		
	15	3−ϕ4	3	超差 0.02 扣 1 分		
	16	Ra ≤3.2 μm(10 处)	1×10	每处超差扣 0.5 分		
	17	间隙≤0.08(3 处互换)	2×6	超差不得分		
	18	错位量≤0.08	4	超差不得分		
其他	19	现场操作规范 30 分				
备注						

4. 职业素养(现场操作规范)考评要求

序号	评定项目	分值	考评要求	扣分	得分
1	工、量具及设备使用	20	量具掉地上每次扣 2 分		
			工、量具使用不正确扣 2 分		
			工、量、刃具摆放混乱扣 2 分		
			划线当样冲使用扣 2 分		
			锯条用完 4 条要求增加每条扣 3 分		
			锉刀损坏要求换新锉刀扣 4 分		
			钻头损坏每支扣 3 分		
			钻削时工件或平口钳飞出扣 3 分		
			台钻切削用量选用不当扣 2 分		
			钻削超程损坏平口钳扣 3 分		

续表

<table>
<tr><th>序号</th><th>评定项目</th><th>分值</th><th>考评要求</th><th>扣分</th><th>得分</th></tr>
<tr><td rowspan="4">2</td><td rowspan="4">安全文明生产</td><td rowspan="4">10</td><td>未穿工作服扣 10 分</td><td></td><td rowspan="8">考生签名：</td></tr>
<tr><td>工作服穿戴不整齐不规范扣 3 分</td><td></td></tr>
<tr><td>操作时发生人身安全小事故扣 3 分</td><td></td></tr>
<tr><td>交卷后不清理工位扣 5 分</td><td></td></tr>
<tr><td rowspan="4">3</td><td rowspan="4">否决项</td><td rowspan="4">本项目出现任意一项按零分处理</td><td>不服从考试安排</td><td></td></tr>
<tr><td>严重违反安全与文明生产规程</td><td></td></tr>
<tr><td>违反设备操作规程</td><td></td></tr>
<tr><td>发生重大事故</td><td></td></tr>
<tr><td colspan="3">合计</td><td></td><td></td><td></td></tr>
<tr><td colspan="3">考生签名</td><td></td><td></td><td></td></tr>
<tr><td colspan="3">考评人签名</td><td></td><td></td><td></td></tr>
</table>

主要参考文献

[1]陈刚，刘新灵．钳工基础[M]．北京：化学工业出版社，2014.

[2]鲍佩红．钳工技能实训[M]．北京：科学出版社，2009.

[3]钟翔山．图解钳工入门与提高[M]．北京：化学工业出版社，2015.

[4]邱言龙．巧学钳工技能[M]．北京：中国电力出版社，2012.

[5]陈霖，甘露萍．钳工工艺与技能训练[M]．北京：人民邮电出版社，2010.

[6]温上樵．钳工中级实训[M]．北京：人民邮电出版社，2011.

[7]宁文军．钳工技能训练与考级[M]．北京：机械工业出版社，2010.